„TROJANER" IM MEERWASSER-AQUARIUM

Unerwünschte Aquariengäste erkennen und bekämpfen

Daniel Knop

Inhaltsverzeichnis

Titelbild: Glasrose *Aiptasia luciae*, Turbellarie *Convolutriloba retrogemma*, Schwamm *Collospongia auris*, Koralle *Briareum* sp.
Hintergrund: Steinkoralle *Scolymia australensis* mit Turbellarien *Waminoa litus*
Fotos und Grafiken ohne Quellenangabe vom Autor

ISBN: 978-3-86659-136-3

© 2009 Natur und Tier - Verlag GmbH
An der Kleimannbrücke 39/41, 48157 Münster
Tel.: 0251-13339-0, Fax: 0251-13339-33
E-Mail: verlag@ms-verlag.de
www.ms-verlag.de
Geschäftsführung: Matthias Schmidt
Layout: Nick Nadolny
Lektorat: Kriton Kunz, Dr. Dieter Brockmann
Druck: Alföldi, Debrecen

Vorwort

Dieses Buch befasst sich mit Organismen, die dem Meerwasseraquarianer lästig werden können. Trotzdem versuche ich, kategorisierende Begriffe wie „Parasit" oder „Plagegeist" zu vermeiden, die bestimmte Lebewesen als „böse" und ihr Verhalten als verwerflich abstempeln. Mein Grund dafür ist sehr einfach: Wir messen bei dieser Kategorisierung die Lebensweise der Tiere mit menschlichen Moralvorstellungen – für uns ist es in Ordnung, wenn eine Katze eine Maus fängt und frisst, doch wenn ein winziger Floh das Blut der Katze saugt, finden wir das verurteilungswürdig. Warum? Es ist doch prinzipiell

der gleiche Vorgang – ein Tier ernährt sich vom anderen. Mehr noch: Der Floh lässt die Katze am Leben, die Katze die Maus aber nicht! Und trotzdem ist die Katze gut und der Floh böse. Ich versuche stets, diese Dinge wertfrei zu sehen, sie als Lebensvorgänge zu interpretieren, als Teile eines hochkomplexen Miteinanders, das eine so artenreiche Lebensgemeinschaft wie die im Korallenriff erst ermöglicht. Eine Schnecke im Aquarium frisst Krustenanemonen – ist sie Schädling oder Nützling? Sie kann durchaus beides sein, abhängig von unseren Wünschen, und wie wandelbar die sein können, will ich später im Text zeigen.

Der Autor beim Besuch eines Korallenexportbetriebes in Indonesien

Es ist für uns Aquarianer nicht wichtig, für einen Organismus, der uns stört, eine Kategorie zu finden. Was zählt, ist seine Lebensweise und seine Beziehung zum Wirtstier zu verstehen. Unser menschliches Kategoriendenken ist zwar nötig, um über das zu kommunizieren, was in der Natur geschieht, doch überall stoßen diese Kategorien auf Grenzen, weil die Evolution eben nicht damit arbeitet, sondern mit fließenden Übergängen. Das, was in der Natur geschieht, ist so vielschichtig und komplex, dass wir Menschen das Verhalten einer Schnecke, die auf einer Koralle sitzt, unmöglich auf eine der drei menschgemachten Kategorien Mutualismus, Kommensalismus oder Parasitismus reduzieren können.

Die Metapher vom „Trojaner" im Titel dieses Buches habe ich gewählt, weil ich sie für weniger wertend halte als Begriffe wie „Plagegeist", „Parasit" oder „Schädling". Sie bezieht sich mehr auf den Vorgang, bei dem in unsere aquaristische Lebensgemeinschaft Organismen unbemerkt eindringen, die wir darin eigentlich nicht haben möchten, und sich darin ausbreiten, andere zurückdrängen, die Spielregeln ändern. Das kann ein Einzelindividuum sein oder eine ganze Heerschar. Auf die griechische Mythologie kann man diese Metapher ebenso beziehen wie auf die Verbreitung von „Trojanern" in der Computerwelt – durch Eindringlinge geschieht etwas, das nicht in unserem Sinne ist. Dieses Buch will also nicht einteilen in Gut und Böse, in Nützling und Schädling. Es will helfen, das Miteinander der Organismen als ein hochkomplexes Geflecht gegenseitiger Abhängigkeiten zu verstehen – nicht viel anders als die einzelnen Organsysteme eines lebenden Organismus.

Eine gewisse Bandbreite an Populationsdichten sollte im Riffaquarium jeder nicht-invasiven Art zugestanden werden, und man sollte sich als Aquarianer vor dem Versuch hüten, als „Regisseur" stets die Fäden ziehen zu wollen, um zu entscheiden, wer im Aquarium wo zu wachsen hat und wem der Zutritt verwehrt bleibt. Das Korallenriffaquarium soll kein „Tulpengarten" sein, in dem die Gelben links und die Roten rechts wachsen. Die Natur soll Regie führen, das ist ja gerade das Spannende! Keinesfalls sollte man einen unbekannten Aquarienbewohner, der neu auftaucht und sich vermehrt, aus dem Aquarium entfernen, nur weil man ihn nicht kennt – das Defizit liegt bei uns, nicht bei ihm! Jede zusätzliche Art ist eine Bereicherung für das Riffbecken, und selbst wenn wir uns nicht sicher sind, wie sie sich verhält, sollten wir sie im Becken tolerieren – solange wir ihr nicht nachgewiesen haben, dass sie die Artenbalance aus dem Gleichgewicht bringt.

Mit diesem Buch möchte ich natürlich auch dabei helfen, Probleme zu lösen, also eine Entgleisung in der Artenbalance zu korrigieren. Dazu muss ich konkrete Lösungsrezepte anbieten, nach dem Motto „Man nehme...". Dort, wo dies möglich ist, tue ich das auch, aber ich denke, es wäre noch besser, wenn dieses Buch zugleich auch dazu dienen würde, die Entgleisung *verstehen* zu lernen, denn aus diesem Verständnis heraus lassen sich solche Entwicklungen oft sogar von vornherein verhindern. Und das ist wichtig, denn bisweilen öffnen wir mit dem Eliminieren einer Art, die sich invasiv vermehrt, eine ökologische Nische, in der sich eine Massenvermehrung der nächsten Pionierarten entwickelt, wie ich es oft erlebt habe. Ich möchte bei Ihnen also ein grundsätzliches Verständnis für die engen Verflechtungen der Arten im Korallenriffaquarium wecken. Darum habe ich in diesem Buch den ersten Teil allgemein gehalten; er befasst sich mit dem komplexen Geflecht gegenseitiger Abhängigkeiten, während der zweite Teil die häufigsten Arten vorstellt, die im Aquarium gelegentlich oder öfter eine überschießende Vermehrung entwickeln, und er gibt Empfehlungen dafür, dies zu beherrschen oder die betreffende Population selektiv zu vernichten. Der dritte Teil erläutert schließlich bestimmte Behandlungsmethoden im Detail, zeigt also, wie es geht.

Wenn Sie Ungeduld treibt, Ihre „Trojaner" loszuwerden, dann können Sie direkt in den entsprechenden Kapiteln in der zweiten Buchhälfte nachschlagen. Die Lektüre des ersten Teils will ich Ihnen anschließend aber trotzdem ans Herz

Aquarium P. v. Suijlekom

legen – und ich habe versucht, so zu schreiben, dass das Lesen Spaß macht. Oder aber Sie geben den lästigen Kreaturen doch noch ein paar Tage Zeit und lesen zunächst den ersten Teil, um Einblicke in die komplexe Vernetzung der Organismen in Riff und Aquarium zu gewinnen, bevor Sie in genau dieses Netzwerk eingreifen.

Viele Zusammenhänge versuche ich anhand von aquaristischen Beispielen zu verdeutlichen. Dabei handelt es sich nicht um willkürlich konstruierte Fälle, sondern ausnahmslos um Beobachtungen, die ich im Laufe der vergangenen knapp 25 Jahre gemacht habe, zumeist in eigenen Aquarien. Manche der Ansichten und Überzeugungen, die ich in diesem Buch formuliere, widersprechen dem, was in gängiger Aquaristik-

Fachliteratur zu lesen ist. Das liegt zu einem nennenswerten Teil daran, dass ich seit vielen Jahren engen Kontakt zu der Verhaltensforscherin und früheren Konrad-Lorenz-Schülerin Prof. Dr. Ellen THALER habe, die Korallenriffaquarien seit Jahrzehnten in ihre Forschung einbezieht; unsere gemeinsame Arbeit an Buchprojekten, an der Zeitschrift KORALLE sowie der fortwährende persönliche Dialog mit ihr haben meine Wahrnehmung des Miteinanders im Korallenriff und im Riffaquarium entscheidend geprägt, und ohne ihren Einfluss würde es das vorliegende Buch in dieser Form nicht geben.

Daniel Knop,
Sinsheim und Manila,
Herbst 2009

I. Teil – Ein komplexes Geflecht von Beziehungen

Das Leben im Riff fasziniert vor allem durch seine Artenvielfalt. Unzählige verschiedene Lebensformen existieren dort gemeinsam, und zwar nicht nur miteinander, sondern auch tatsächlich voneinander. Fast jeder ist zugleich Räuber und Beute, Jäger und Gejagter. Keiner kann wirklich ohne den anderen auskommen, alle sind aufeinander angewiesen. Das klingt zunächst paradox; sollte die Beute wirklich auf den Jäger angewiesen sein? Ich will versuchen, dies zu erläutern, weil es ein ganz wesentlicher Punkt für das Verständnis der Vorgänge ist, die zum Entstehen einer unerwünschten Massenvermehrung im Meerwasseraquarium führen.

Stellen wir uns eine Tierart vor, die von bestimmten Fischen gefressen wird. Der Fraßdruck der Räuber dezimiert die Art; nur wenige können überleben. Im Rahmen der Evolution wird sich diese Art dem Fraßdruck anpassen und Strate-

Die Gemeinschaft in Riff und Riffaquarium bildet ein komplexes Netz von Beziehungen (Aquarium P. v. Suijlekom).

gien entwickeln, um trotzdem zu existieren. Dies kann auf verschiedene Weise geschehen, und pikanterweise ist der Schrittmacher dieser Veränderungen der Räuber selbst: Sein Fraßdruck bringt zugleich eine Selektion mit sich, eine Auswahl, denn es sind immer ganz bestimmte Einzelindividuen, die ihm entgehen. Es sind die Schnellsten, die Vorsichtigsten, die Giftigsten, die am besten Getarnten, die Trickreichsten oder eben letztlich diejenigen, die am meisten Nachkommen erzeugen. Das gilt auch für festsitzende Wirbellose wie Korallen: sich schnell zu vermehren und dem Fraßdruck mit unterschiedlichsten Tricks zu widerstehen, ist für viele Arten die beste Lebensversicherung. Die Liste der Anpassungen, die das Überleben im Riff trotz des Räuberdrucks ermöglichen sollen, ist

nahezu unendlich, und gerade diese Anpassungen haben ja zu der unerschöpflichen Vielfalt an Lebensformen geführt, die uns Menschen im Ökosystem Korallenriff so fasziniert. Den Organismen steht also ein ganzes Arsenal von Möglichkeiten zur Verfügung, sich im Rahmen ihrer Entwicklungsgeschichte auf Räuberdruck einzustellen und darauf zu reagieren.

Dies allerdings führt auch beim Räuber zu Veränderungen, denn er muss ja seinerseits Mittel finden, sich trotzdem zu ernähren. Ich spreche hier in der Einzahl vom „Räuber", meine damit aber natürlich die Gesamtheit seiner Artgenossen, und wenn ich seine Veränderungen oder Anpassungen erwähne, spreche ich nicht von der Lernfähigkeit einzelner Individuen, sondern von den entwicklungsgeschichtlichen Verände-

In Riff und Aquarium gibt es in der Artengemeinschaft stete Verschiebungen (Aquarium W. Menzel).

rungen der ganzen Art im Rahmen der Evolution. Wird seine Beute im Lauf der Zeit schneller, weil die jeweils Langsamsten herausgefangen wurden und sich nicht fortpflanzen konnten, dann muss er darauf irgendwie reagieren. Er kann z. B. selbst ebenfalls schneller werden, wenn das innerhalb seiner physiologischen Möglichkeiten liegt. Oder er kann eine bessere Sehfähigkeit entwickeln, um die Beutetiere früher zu entdecken. Er kann vielleicht besseres Dunkelsehen erwerben und zum Nachtjäger werden, um sie im Schlaf zu überraschen, oder er kann kleiner werden, damit sein Nahrungsbedarf sinkt – um nur einige Beispiele zu nennen. Doch wie sich seine Art im Lauf der Entwicklungsgeschichte auch „entscheiden" wird, es kommt eine Art „Rüstungsspirale" in Gang, denn seine Beute wird wiederum darauf reagieren und ein „verbessertes Modell" entstehen lassen. Das ist der Motor der Entwicklung, die wir als Evolution

bezeichnen und die auch uns Menschen zu dem gemacht hat, was wir heute sind. Diese sich gegenseitig bedingende Entwicklung unterschiedlicher Arten bezeichnet man als Ko-Evolution, und sie erzeugt ein Beinahe-Gleichgewicht, das fortwährend in die eine und dann in die andere Richtung schwappt, wie das Wasser in einem getragenen Glas. Ein echtes Gleichgewicht, das permanent stabil wäre, gibt es dabei nicht – es bleibt alles stets in Bewegung.

Das instabile Gleichgewicht

Da allerdings das Korallenriff nicht nur aus zwei Arten besteht, sondern aus unzähligen – allein die Ringelwürmer des Stammes Annelida schätzt man auf rund 16.000 Arten –, und da letztlich jede einzelne Art im Riff direkt oder indirekt mit jeder anderen in Verbindung steht, haben wir in diesem Ökosystem ein unvorstellbar komplexes

Geflecht von Beziehungen vor uns, die allesamt in einem solchen „Beinahe-Gleichgewicht" stehen. Aber wie gesagt, diese Balance ist extrem sensibel. Sie ist nicht wirklich stabil, sondern auch in einem gesunden Riff fortwährend im Fluss. Taucht man beispielsweise an einer bestimmten Stelle eines Riffs und besucht diese Stelle nach einigen Jahren wieder, dann wird man feststellen, dass sich sehr vieles verändert hat. Es gibt fortwährend Verschiebungen in der Population der einzelnen Riffbewohner, weil jede Art auf Veränderungen bei anderen Arten reagiert – das einzig Konstante ist der stete Wandel. Und eine der erfolgreichsten Strategien gegen den Fraßdruck ist es für Fische, bewegliche und auch festsitzende Wirbellose, besonders schnell besonders viele Nachkommen zu erzeugen.

Auch bei Meeresalgen ist das nicht anders, auch ihnen kann es als Reaktion auf den Fraßdruck helfen, schneller zu wachsen. Es kann für sie aber auch nützlich sein, schmale Ritzen zu besiedeln, aus denen sie kaum vollständig weg gefressen werden können. Oder so weiche Gewebestrukturen zu bilden, dass beim Abfressen stets winzige Reste am Substrat zurückbleiben, die sich mit ihren Rhizomen im Kalkgestein festkrallen. Auch das Verharren auf einer sehr einfachen Entwicklungsstufe ohne Spezialisierung der einzelnen Zelltypen, die wir bei höheren Pflanzen finden, kann helfen, den Fraßdruck zu überstehen, weil eine Alge mit nicht spezialisierten Zellen schließlich aus jeder beliebigen davon wieder heranwachsen kann (KNOP 2008a), während bei einer höher entwickelten Pflanze mit spezialisierten Gewebetypen nur bestimmte Zellverbände dazu in der Lage sind.

Solange keine Eingriffe von außen erfolgen und dieses betreffende Ökosystem ungestört bleibt, kann es über unvorstellbar lange Zeiträume stabil bleiben – „stabil" im Sinn der Variations-Bandbreiten, die dem System ein Überleben ermöglichen. Es gibt kleine Veränderungen im Sinne fortwährender Populationsverschiebungen, die jedoch immer innerhalb des Ökosystems kompensiert werden können, weil sie extrem langsam erfolgen und niemals plötz-

lich, so dass sich alle am marinen Beziehungsgeflecht Beteiligten darauf im Rahmen ihrer Entwicklungsgeschichte einstellen können.

Plötzliche Veränderungen

Kommt es aber zu Eingriffen von außen – Sie haben es sicher erraten, ich denke dabei an den Menschen –, dann entwickeln sich die Veränderungen plötzlich. Und dann gelingt es den wenigsten Arten, sich darauf einzustellen, so dass sich Verschiebungen entwickeln, die nicht mehr kompensiert werden können. Das System dekompensiert, gerät aus den Fugen. Ein sehr einfaches und leider weltweit tausendfach anzutreffendes Beispiel ist das, was ich in einer philippinischen Provinz namens Pangasinan erlebt habe. Bei dem Städtchen Bolinao, im äußersten Norden des Landes, gibt es eine Küstenzone, die von einigen Fischern besiedelt ist. Dort bestand einst ein zauberhaftes Korallenriff, ein Saumriff, das sich an der Küste entlang zog. Im Lauf der Zeit wurde die Bevölkerung des Küstenstreifens immer dichter, so dass mehr Nahrungsbedarf entstand. Folglich wurden mehr Fische gefangen und auch mehr Felder bestellt – so weit noch nicht unbedingt problematisch. Doch von den Feldern gelangten immer mehr nitrat- und phosphathaltige Substanzen mit dem Regenwasser in die Flüsse und letztlich ins Meer – der Biologe spricht hier von der Eutrophierung eines Gewässers, denn diese Stoffe haben eine Düngerwirkung, lassen also Pflanzen und Algen stärker wachsen. Aber gleichzeitig fingen die Menschen besonders gern die Kaninchen- und Doktorfische aus dem Riff, die, wie jeder Meeresaquarianer weiß, vornehmlich Algen fressen und dadurch deren Wuchs im Riff begrenzen. Die Folge war schon nach wenigen Jahren, dass das gesamte Riff von einer dicken Algendecke überzogen wurde. Von den Korallen waren nur noch Skelette übrig, allesamt unter einer grünen Algenschicht begraben. Große Fische traf man kaum noch an und auch keine Jungfische mehr, denn diese können ja nur von den großen produziert werden – und die waren alle schon im

Hier existierte früher ein zauberhaftes Saumriff, und unter dem dicken Algenfilz kann man noch heute die Skelette der abgestorbenen Steinkorallen sehen.

Kochtopf gelandet. Hier war ein einstmals gesundes Ökosystem mit unzähligen sensiblen Gleichgewichtsbeziehungen zwischen den einzelnen Arten völlig entgleist und aus den Fugen geraten. Und spätestens an dieser Stelle bemerken Sie, lieber Leser, sicher, warum ich diese Vorgänge so detailliert schildere: In vielen Meerwasseraquarien spielt sich ganz Ähnliches ab.

Nur ein intaktes „labiles Gleichgewicht" zwischen allen beteiligten Arten aus dem Tier- und dem Pflanzenreich kann verhindern, dass sich eine Dominanz einzelner Arten entwickelt. Hätte man den Küstenstreifen zwar durch Düngerrückstände von den Feldern eutrophiert, das Riff aber ansonsten in Ruhe gelassen, hätte die Korallenriffgemeinschaft darauf sehr wahrscheinlich mit einer dichter werdenden Population von Herbivoren (Pflanzenfressern) reagiert – die Zahl der Kaninchen- und Doktorfische wäre durch das erhöhte Nahrungsangebot gestiegen. Doch wenn das Haus an zwei Seiten gleichzeitig angezündet wird, sind die natürlichen Mechanismen überfordert.

Gegenseitige Abhängigkeiten

Ich habe diese Veränderungen hier sehr stark vereinfacht wiedergegeben, denn in Wirklichkeit ist die Sache erheblich komplexer. Beispielsweise wirkt sich die starke Vermehrung einer Art auf eine andere unter Umständen hemmend aus, etwa, wenn beide von derselben Ressource leben. Wir können also gelegentlich bestimmte Arten in ihrer Vermehrung bremsen, indem wir andere fördern. Dies will ich mit einem einfachen Beispiel verdeutlichen, das ich über Jahre immer wieder in Meeresaquarien beobachtet habe. Hauptdarsteller sind zwei Tiergruppen, jeder ihrer Vertreter nur wenige Millimeter groß: die Gehäuseschnecken der Gattung *Euplica*, die sich geschlechtlich fortpflanzen können, ohne dass ihre Nachkommen dabei ein planktonisches, also frei treibendes Larvenstadium absolvieren müssten, und die kleinen Gänsefuß-Seesterne der Gattung *Asterina*, insbesondere *Asterina burtoni,* die sich durch Teilung vegetativ vermehren können. Beide ernähren sich als Aufwuchsfresser von den Al-

Konkurrieren um die gleiche ökologische Nische: die Taubenschnecke (*Euplica scripta*) und der Gänsefußseestern (*Asterina burtoni*)

gen- und Bakterienfilmen auf allen festen Oberflächen, im Riff das Kalkgestein, im Aquarium das Dekorationsgestein und die Glasscheiben. Beide Arten haben die Eigenschaft, sich im Korallenriffaquarium zu vermehren, und beide erzeugen dabei das, was ich als „dynamische Population" bezeichne, also einen Aquarienbesatz als Algenfresser, der seine Individuendichte stets der vorhandenen Nahrungsmenge anpasst.

Oft beobachtete ich aber, dass sich im Aquarium entweder die Seesterne etablieren konnten oder die Schnecken. Kaum jemals traf ich beide Arten in dichten Populationen im selben Becken an. Wenn die Seesterne in Massen vorkamen, war die Schneckenpopulation auf Minimalbestände zurückgedrängt, und umgekehrt. Und in einer Anlage mit 15 Versuchsbecken, die technisch identisch ausgestattet waren und wassertechnisch miteinander in Verbindung standen, konnte ich beobachten, dass sich in allen Fällen entweder die eine oder die andere Gruppe etablierte, niemals beide gleichzeitig. In einem weiteren Riffbecken war die einst dichte *Euplica*-Population auf wenige vereinzelte Exemplare geschrumpft, und zeitgleich hatte sich eine blaugraue *Asterina*-Art heftig vermehrt – so heftig, dass die Stachelhäuter bereits die Korallen schädigten. Ich begann nun, systematisch die Seesterne abzusammeln, jeden Tag ein paar, so dass die Seesternpopulation innerhalb weniger Wochen fast gegen null tendierte. Interessanterweise nahm in den darauf folgenden Wochen die *Eupli-*

ca-Population dramatisch zu. Bald sah man überall an den Scheiben die typischen, winzigen Gelege, in denen sich gut sichtbar die Jungschnecken entwickelten, und nach kurzer Zeit konnte man an jeder der (fortwährend ungeputzten und algenüberzogenen) Aquarienscheiben zahlreiche Schnecken dabei beobachten, wie sie mit großem Appetit den dünnen Algenfilm abraspelten. Dieses Beispiel zeigt, wie eng einzelne Arten miteinander in Verbindung stehen, selbst wenn es sich nicht um eine Räuber-Beute-Beziehung handelt.

Über Räuber und Beute

Tiere in einer solchen Räuber-Beute-Beziehung löschen sich nicht ohne weiteres gegenseitig aus – es gibt natürliche Mechanismen, die dies verhindern, solange die Natur ungestört wirken kann. Auch dies möchte ich mit einem aquaristischen Beispiel verdeutlichen. Stellen wir uns ein Aquarium vor, in dem sich Glasrosen stark vermehrt haben. Wir möchten diese nun auf biologischem Weg dezimieren, indem wir die winzige Nacktschnecke *Aeolidiella stephanieae* einsetzen (in der Aquaristik fälschlich *Berghia verrucicornis* genannt), die sich von Glasrosen der Gattung *Aiptasia* ernährt. Anfangs funktioniert das prima; die Zahl der Glasrosen nimmt kontinuierlich ab. Doch je seltener die Glasrosen werden, umso länger ist die Wegstrecke, die eine Schnecke auf der Nahrungssuche zurücklegen muss, und irgendwann stimmt diese Bilanz einfach nicht

Aeolidiella stephanieae frisst an einer Glasrose *Aiptasia* sp.

mehr; die Nahrungssuche kostet mehr Energie als sie bringt. Die Folge ist, dass die Schneckenpopulation zurückgeht und schließlich sogar ganz verschwindet, und zwar interessanterweise noch bevor die Glasrosen vollständig ausgerottet sind. Konsequenterweise breiten sich die Glasrosen anschließend wieder aus, und unter natürlichen Umständen würden zu einem späteren Zeitpunkt mit großer Wahrscheinlichkeit wieder Glasrosenfresser von außen zuwandern, etwa als Schwimm-

Nacktkiemerschnecke *Aeolidiella stephanieae* (fälschlich „Berghia" genannt), hier durch die Wasseroberfläche fotografiert, mit schlüpfenden Jungtieren

larven (man sieht, wie nützlich ein Schwimmlarvenstadium in der Entwicklung sein kann). Ich gebe zu, diese Schilderung vereinfacht komplexe natürliche Mechanismen sehr stark, doch das geschieht bewusst, um bestimmte Gesetzmäßigkeiten verständlicher zu machen.

Parasiten gibt es nicht

Dies gilt sogar für die Beziehung zwischen Parasit und Wirt. Eigentlich müsste man sagen, dass es Parasiten ebenso wenig gibt wie Unkraut – jeder Gärtner wird bestätigen, dass eine Pflanze erst aus dem Blickwinkel des Menschen zum Unkraut wird. Erst in der menschlichen Vorstellung wird eine Kreatur zu dem, was wir „Parasit" nennen, weil wir vielleicht den Nutzen nicht erkennen, den der Wirt von ihr hat. Nehmen wir als Beispiel die Nacktkiemerschnecke *Phyllodesmium briareum*. Sie hat ihr Artepitheton „*briareum*" bekommen, weil sie mit ihren Cerata, den Rückenanhängseln, die Tentakel von Korallen der Gattung *Briareum* nachahmt. Sobald sie zwischen den Tentakeln der zu ihr passenden *Briareum*-Art sitzt, ist sie praktisch unsichtbar. Sie frisst dann von der Koralle und ernährt sich von deren Ge-

Die Nacktschnecke *Phllyodesmium briareum* in Bildmitte frisst Polypen der Korallengattung *Briareum* und wurde ihrer Wirtskoralle durch Räuberselektion immer ähnlicher (hier hat sie im Aquarium allerdings nicht die passende *Briareum*-Art gefunden, darum ist ihre Anpassung nicht optimal). Foto: E. Thaler

webe, erfüllt also damit den Tatbestand der Parasitose. Aber die Verhaltensforscherin Prof. Ellen THALER hat genauer hingeschaut (THALER 2006) und in ihren Arbeitsaquarien durch Vergleichsstudien herausgefunden, dass Fische, die gern den einen oder anderen Polypen der Koralle fressen, bei einer mit diesen Schnecken „parasitierten" *Briareum*-Koralle ab und zu versehentlich in deren Rückenanhängsel beißen, statt in einen Korallenpolypen. Die Reaktion ist eindeutig; sie lassen dann unter deutlich erkennbaren Ekelbewegungen von der Koralle ab. In der Folge meiden diese Fische die betreffende *Briareum*-Kolonie und halten sich vorwiegend an ein anderes Exemplar, in dem sie nicht in übel schmeckende Schneckententakel gebissen haben.

Das bedeutet konkret, dass mehrere Schneckenexemplare, die in einer *Briareum*-Polypenkolonie leben, durchaus eine Schutzwirkung auf die Koralle haben können, die einen weitaus größeren Fraßschaden verhindert, als jenen, den sie selbst verursachen. Genau genommen „bezahlt" die Koralle mit den Gewebeverlusten also für die „Dienstleistung". Damit dies aber auch dauerhaft funktioniert und die Schnecken die

Koralle nicht völlig ruinieren, benötigt auch die Nacktschnecke den Fraßdruck durch ihre eigenen Räuber, denn nur dieser verhindert eine Überpopulation, mit der sie sich ihrer eigenen Nahrungsgrundlage berauben würden. Man sieht, wie hochkomplex und auch angreifbar solche Lebensgemeinschaften sind, und es ist kein Wunder, dass vieles von dem, was in der Natur geschieht, unter den künstlichen Bedingungen eines Aquariums nicht funktioniert. Aber wir können solche Vorgänge nicht einfach auf die Kategorie „Parasitose" reduzieren; damit werden wir den vielschichtigen Vorgängen nicht gerecht. Es ist nur natürlich, dass sich Organismen voneinander ernähren. Dies kennen wir als wichtiges Regulativ in der Natur, das Vermehrung begrenzt und durch Räuberselektion die Entwicklung voranbringt. Und in diesem Rahmen haben auch die Kreaturen, die wir als „Parasiten" bezeichnen, eine wichtige, hilfreiche Funktion. Aber oft ist es ein Nutzen für die Gesamtheit einer Art, nicht für das einzelne Individuum, und uns Menschen fällt es dann schwer, den Vorteil zu erkennen, weil wir in der Regel das einzelne Exemplar betrachten. Doch die Natur kennt

Suchbild: Wo ist das Zwergseepferdchen? Alle Polypen dieser *Muricella*-Hornkoralle sind geschlossen, und da *Hippocampus bargibanti* mit den Höckern auf seinem Körper die *geschlossenen* Polypen imitiert, erhält es genau im Moment des Schließens der Korallenpolypen seine optimale Tarnung.

nicht das Individuum, dieses ist eine Erfindung des menschlichen Geistes.

Aber so ganz nebenbei eine Frage: Warum hat denn die Nacktkiemerschnecke *Phyllodesmium briareum*, die so gut an die Wirtskoralle angepasst ist, zusätzlich noch Fraßhemmstoffe, die sie unangenehm schmecken lassen? Würde die Anpassung in der Körperform nicht genügen? Sie ist dann doch kaum zu sehen. Nehmen wir als Gegenbeispiel die winzigen Zwergseepferdchen *Hippocampus bargibanti*: Sie haben sich in Körperform und -färbung perfekt an die Wirtskoralle der Gattung *Muricella* angepasst, auf der sie leben, und kein Fraßgift in ihrem Körper ist nötig, um Räuber abzuschrecken. Wo liegt der Unterschied? Die Antwort ist relativ einfach. *Phyllodesmium briareum* imitiert die Wirtskoralle mit geöffneten Polypen. Sobald nun ein *Briareum*-Räuber herzhaft in irgendeinen der (echten) Korallenpolypen hineinbeißt, werden die übrigen

Polypen davon unterrichtet, denn sie alle stehen über ein als „Solenia" bezeichnetes Netzwerk in der Basalschicht miteinander in Verbindung. Sie kontrahieren sich sicherheitshalber, ziehen sich zurück und verschwinden, so dass nur winzige Höcker zurückbleiben. In diesem Moment wird die Schnecke sofort sichtbar, ist ihrer Tarnung beraubt. Sie wäre dann dem Räuber schutzlos ausgeliefert, hätte sie nicht den Fraßhemmstoff, der auf biochemischem Weg ein Ekelgefühl erzeugt. Ganz anders bei *Hippocampus bargibanti*: Diese Art imitiert nicht die geöffneten Polypen der Wirtskoralle, sondern die geschlossenen. Ein sehr aufmerksamer Fisch könnte also in einer voll geöffneten *Muricella*-Hornkoralle vielleicht ganz bestimmte Stellen entdecken, an denen die Polypen geschlossen erscheinen, und daraus auf Zwergseepferdchen schließen. Doch sobald er die Koralle an irgendeiner Stelle berührt, schließen sich fast synchron alle Polyen, und genau in diesem Moment erhalten sämtliche Zwergseepferdchen auf der Koralle ihre perfekte Tarnung. Ein Fraßgift ist dann nicht mehr nötig, denn die Tierchen aufzuspüren, würde den Räuber dann mehr Energie kosten, als ihr Verdauen einbrächte. Folglich lässt er von ihnen ab und sucht seine Beute woanders.

Variable Vermehrungsstrategie

Die Möglichkeiten mancher Arten, sich an die Umgebungseinflüsse anzupassen und darauf zu reagieren, um das Überleben der eigenen Art zu sichern, sind enorm. Bleiben wir hierzu bei den oben erwähnten Gänsefußseesternen (*Asterina burtoni*), die in der Regel fünf Arme besitzen. Manchmal aber haben sie sechs. Oder sieben. Oder nur vier. Warum? Das ist auch bei vielen anderen Seesternarten zu beobachten, und es wird gewöhnlich einfach als Zufall bezeichnet. Hier bin ich anderer Ansicht, und ich habe mich mit dieser Frage in einem Beitrag in der Fachzeitschrift KORALLE ausführlich befasst (KNOP 2003; siehe auch KNOP 2008b), von dem ich das Wesentliche hier kurz schildern möchte.

In der oben zitierten Versuchs-Aquarienanlage mit 15 Einzelbecken, die jeweils 140 l Wasser fassten und wassertechnisch miteinander verbunden waren, entwickelte sich *Asterina burtoni* in sämtlichen Einzelbecken. In einigen davon befanden sich zusätzlich zu den Seesternen größere Populationen der zuvor ebenfalls erwähnten Gehäuseschnecke *Euplica scripta*. Das bedeutet, dass hier die *Asterina*-Population jeweils einer Nahrungskonkurrenz ausgesetzt war und darauf reagieren musste, während dies in den anderen Becken nicht der Fall war und sich die Seesterne ohne starke Nahrungskonkurrenten entwickeln konnten. Und diese Reaktion, die in allen Fällen die Gleiche war, fiel unerhört interessant aus. Dort, wo die Seesternchen keine Konkurrenten hatten, vermehrten sie sich munter durch Teilung. Kaum eines der Individuen überschritt einen Körperdurchmesser von 7 mm, und so gut wie jedes ungeteilte Exemplar besaß sechs oder gar sieben Arme. Das war ungewöhnlich, weil

Asterina burtoni scheint zwei Fortpflanzungsstrategien zu besitzen. Vegetativ: Zahlreiche kleine Exemplare mit sechs oder sieben Armen – einige davon nach einer vorausgegangenen Teilung im Regenerationsstadium – haben sich alle darauf eingerichtet, sich bald wieder durch Teilung zu vermehren, noch bevor sie die halbe Maximalgröße der Art erreicht haben. Sexuell: Die wenigen fünfarmigen Exemplare wachsen ausnahmslos bis zur Maximalgröße der Art heran und teilen sich praktisch nie, und diese adulten Exemplare sind dann schließlich zur geschlechtlichen Vermehrung in der Lage. Diese Art scheint in Abhängigkeit von der Nahrungsdichte schwerpunktmäßig entweder die eine oder die andere Strategie zu wählen.

Dieses Exemplar von *Asterina burtoni* hat nach der Teilung, die ihm drei Arme ließ, drei weitere regeneriert. Es wird nicht zur vollen Maximalgröße der Art heranwachsen, sondern sich sehr bald wieder teilen, wahrscheinlich noch bevor alle Arme gleich lang sind.

diese Art eigentlich deutlich größer werden kann und normalerweise nur fünf Arme besitzt. Aber noch lange bevor die halbe Maximalgröße der Art erreicht war, teilten sich die Exemplare

Asterina burtoni teilt sich und erzeugt hier Fragmente mit zwei und mit vier Armen.

fast ausnahmslos. Ein fünfarmiges Exemplar sah man extrem selten, und wenn, dann wuchs es ungeteilt sehr weit über die sieben Millimeter hinaus. Aber, wie gesagt, das war die absolute Ausnahme. Und überall sah man die Ergebnisse der vegetativen Vermehrung: zwei-, drei- oder vierarmige „Halbseesterne", die gerade aus einer Teilung hervorgegangen waren. Die fehlenden Arme werden bei diesen Stachelhäutern ersetzt, indem sie langsam nachwachsen. Es war augenscheinlich, dass in diesen Becken die Seesterne dabei waren, auf dem Wege vegetativer Vermehrung eine dichte Population zu erzeugen, was ja auch Sinn ergibt, denn es war für alle Nahrung im Überfluss vorhanden; ihnen fehlte ja die Nahrungskonkurrenz. Mehr als fünf Arme zu haben, ist für einen Seestern, der sich teilen will, offenbar vorteilhaft, weil die zwei „Hälften" anschließend eine umso bessere Überlebenschance haben, je mehr Arme sie besitzen.

Ganz anders in jenen Becken, in denen mit *Euplica scripta* ein Nahrungskonkurrent vorhanden war. Hier war diese Ressource knapp, und

die Seesterne hatten sich offenbar darauf eingestellt: Es kam in fast keinem Fall zu einer vegetativen Vermehrung. Es wäre für die Seesterne angesichts der Nahrungsknappheit auch nicht wirklich sinnvoll gewesen, sich durch vegetative Vermehrung noch weitere Nahrungskonkurrenz aus der eigenen Art zu schaffen – das hätte die Überlebenschance aller Exemplare geschmälert. Stattdessen wuchsen in diesen Becken nahezu alle *Asterina*-Seesterne zu erheblich größerem Durchmesser heran und besaßen fast ausnahmslos fünf Arme. Ich vermute, dass sie darauf eingerichtet waren, sich geschlechtlich zu vermehren, um ihre Larven mit der Wasserströmung in andere Zonen verdriften zu lassen, um das Überleben der Art zu sichern.

Normalerweise bringt diese Seesternart also Exemplare mit fünf Armen hervor, die kaum zur Teilung neigen, und vermehrt sich geschlechtlich. Unter besonders guten Ernährungsbedingungen kann sie sich aber offenbar auch vegetativ vermehren, und zu diesem Zweck bilden die betreffenden Exemplare bereits in einem sehr

frühen Entwicklungsstadium eine Überzahl an Armen aus, damit die Tochterindividuen, die aus einer Teilung hervorgehen, möglichst viele Arme besitzen. Zwar kann sich auch aus einem einzelnen Arm ein ganzer Seestern regenerieren, doch dazu ist eine erheblich größere Nahrungsaufnahme nötig, als wenn das Tochterexemplar bereits drei oder gar vier Arme besitzt. Man muss bedenken, dass der „Teil-Seestern" nach der Trennung zunächst seinen Gastralraum vervollständigen muss – ich konnte die Exemplare in den ersten zwei Wochen nach der Teilung niemals bei der Nahrungsaufnahme beobachten. Wir sehen also, wie trickreich manche Arten ihre Vermehrung auf die jeweils herrschenden Umgebungsbedingungen einstellen können.

Was ist eine „Plage"?

Was genau ist eigentlich eine Plage? Vordergründig ist die Antwort klar: Eine Plage ist die starke Vermehrung *unerwünschter* Organismen auf Kosten anderer, *erwünschter* Organismen.

Klingt logisch, oder? Doch ein paar wichtige Fragen bleiben offen. Was ist denn eigentlich „erwünscht"? Und von wem? Für uns Aquarianer ist die sich vermehrende *Aiptasia*-Glasrose eine Plage. Für die *Aeolidiella*-Nacktschnecke, die sich von diesen Aiptasien ernährt, ist sie Nahrungsgrundlage und damit Lebensversicherung – es ist immer eine Frage des Standpunktes. Ich erinnere mich an einen meiner Vorträge auf der Marine Aquarium Conference of North America (MACNA) in den USA, genauer gesagt, an die Runde im Anschluss an diesen Vortrag, in der der jeweilige Referent Fragen aus dem Publikum beantwortet. Einer der Zuhörer bat mich um ein Patentrezept, um die dramatische Vermehrung von Wurmschnecken der Familie Vermetidae in seinem Aquarium zu beenden. Meine Antwort war, es sei ganz einfach, diese Plage zu beenden, und das funktioniere gewissermaßen über Nacht. Ich empfahl dem Mann, er solle einfach anfangen, Vermetiden zu mögen. Dann hätte er nicht eine Plage, sondern ein wunderbar funktionierendes Aquarium. Er müsse dazu nur die Ver-

Eine kleine Wurmschnecke der Familie Vermetidae fängt mit ihrem Schleimnetz Schwebenahrung.

metiden studieren, sich von der Lebensweise dieser Filtratfresser faszinieren lassen, und schon würde sich seine Frustration in Begeisterung verwandeln. Über Nacht!

Dieses Beispiel mit dem nicht ganz ernst gemeinten (oder vielleicht doch?) Rat zeigt, wie austauschbar der Standpunkt theoretisch ist. Was für uns eine Plage darstellt, ist abhängig von unseren persönlichen Präferenzen. Wir müssen eben zwischen zwei Dingen unterscheiden: 1. der überdimensional starken Vermehrung von Organismen und 2. der Anwesenheit von uns unerwünschter Organismen. Ersteres kommt durch eine in unserem Aquarium verloren gegangene Balance natürlicher Steuerungsmechanismen zustande, mit denen sich die Arten in der Natur gegenseitig kontrollieren. Und Letzteres ist schließlich ein Problem, dessen Ursache in unserem Kopf liegt. Ein Aquarium mit starker Glasrosenvermehrung halten wir für ein gestörtes Aquarium, in dem eine „Plage" herrscht. Darin sind wir uns sicher alle einig. Ein Aquarium hingegen, in dem sich Steinkorallen der Gattung *Acropora* stark vermehren und kräftig wachsen, halten wir für ein erfolgreiches Riffbecken. Auch darin werden wir sicher alle übereinstimmen. Aber – und jetzt kommt das Ketzerische in meiner Sichtweise – es handelt sich hierbei in beiden Fällen um den wesensgleichen Vorgang! Ein Organismus hat sich gegen seine Konkurrenten durchgesetzt und breitet sich ungehemmt aus –

mehr ist es im Grunde nicht. Was nun Plage ist und was uns glücklich macht, entscheidet sich in unserem Kopf.

Eine Plage beginnt in unserem Kopf

Stellen Sie sich vor, Sie wären Glasrosenzüchter. Zugegeben, das klingt auf den ersten Blick unsinnig, aber wäre es nicht denkbar, dass Sie versuchten, die glasrosenfressende Schnecke *Aeolidiella stephanieae* kommerziell zu vermehren und ihre ausreichende Nahrungsversorgung sicherstellen müssten? Ich kenne Aquarianer in den USA, die in genau dieser Situation waren. Also, stellen wir uns einfach einmal vor, wir würden verzweifelt versuchen, die Zahl der Glasrosen in unserem Steinkorallenaquarium zu vergrößern, um den darbenden *Aeolidiella*-Brutstock zu füttern, damit er sich vermehrt. Die Dominanz der Acroporen in diesem Aquarium ist jedoch so stark, dass sie über die abgesonderten Substanzen das biochemische Milieu des Wassers prägt und alle anderen Arten zurückdrängt. Genau dies geschieht in vielen Aquarien, und das bemerken wir daran, dass zwar einige Glasrosenexemplare vorhanden sind, es aber nicht zu einer starken Vermehrung kommt. Eben aufgrund einer „*Acropora*-Plage" – wie gesagt, es ist immer eine Frage des Standpunktes.

Dieser Standpunkt kann sich sogar bei einer Einzelperson verschieben, wie ich ebenfalls an einem aquaristischen Beispiel verdeutlichen möchte. Stellen wir uns einmal vor, wir würden im Aquaristikfachhandel eine hübsche Kolonie Krustenanemonen erstehen. Stolz setzen wir sie in unser Riffbecken, und alle paar Tage freuen wir uns über einige neu hinzugekommene Polypen. Im Laufe der kommenden Monate überziehen diese Blumentiere den benachbarten Stein mit einem hübschen Polster, und jedes Mal, wenn wir die Polypen sehen, leuchten unsere Augen. Bis zu dem Tag, an dem wir *sie* zum ersten Mal sehen: eine schwarzweiß gestreifte Gehäuseschnecke, die mitten auf der Krustenanemonenkolonie sitzt! Kann das eine „Krustenanemonen-Raubschnecke" sein? „*Heliacus varie-*

Heliacus variegatus frisst an Krustenanemonen – „Nützling" oder „Schädling"?

Stark wuchernde Krustenanemonen ohne Räuberdruck

gatus" verrät das eilig zu Rate gezogene Fachbuch, „ernährt sich ausschließlich von Krustenanemonen der Ordnung Zoanthiniaria". Die sorgfältige Suche zwischen den Polypen bringt noch zwei weitere Exemplare ans Licht, die wir absammeln. Problem gelöst, oder? Weit gefehlt: Nach zwei Wochen tauchen weitere, deutlich kleinere Exemplare auf, mit der gleichen Gehäusefärbung, die wahrscheinlich als winzige Jungtiere zwischen den Polypen gesessen haben. Penibel suchen wir die Krustenanemonen nach weiteren „Schädlingen" ab, mit Lupe und Pinzette bewaffnet, um die Polypenkolonie zu retten. Irgendwo haben wir gelesen, dass diese Gehäuseschnecke die Krustenanemonen im Aquarium völlig ruinieren kann und geraten innerlich in Panik, entwickeln ein Feindbild.

Die Krustenanemonen „recken ihre Hälse", um *Acropora*-Steinkorallen gezielt durch Nesselung zu schädigen.

Fluch und Segen liegen dicht beieinander

Überspringen wir nun einmal ein Jahr und schauen in die Zukunft, um zu sehen, was aus dieser Angelegenheit geworden ist. Es ist uns gelungen, den ungeliebten Gastropoden durch gründliche Sucharbeit vernichtend zu schlagen. Die Krustenanemonen haben sich weiter ausgebreitet. Es handelt sich wahrscheinlich um eine *Protopalythoa*-Art, allerdings eine ungewöhnliche, deren Polypen sich extrem stark zusammenziehen und sich – wie wir inzwischen wissen – sogar längs ihrer Körpersäule teilen können, was ihre Vermehrungsrate dramatisch erhöht. Schon nach einem halben Jahr wurde uns etwas mulmig, weil die Polypen immer dichter an die prächtig blauen *Acropora-echinata*-Stöcke heranwuchsen. Monate später waren wir bereits dabei, sie manuell zu entfernen, mit einer Zahnbürste abzuschaben und mit einer Pinzette abzuzupfen (übrigens mit derselben, die wir zum Einsammeln der *Heliacus*-Exemplare verwendet hatten!). Doch das Vermehrungspotenzial dieser Krustenanemone war einfach zu gewaltig. Nun laufen wir von Fachhändler zu Fachhändler, um in den Krustenanemonen-Verkaufsbecken nach einzelnen Exemplaren der Gehäuseschnecke *Heliacus variegatus* zu suchen, in der Hoffnung, wir könnten sie daheim als Verbündeten einsetzen, im Kampf gegen die Krustenanemonen. Sie se-

hen, wie dicht in der Korallenriffaquaristik Fluch und Segen beieinander liegen – und wie sehr sich in unserem Kopf entscheidet, was „Nützling" und was „Schädling" ist.

Ein Korallenriffaquarium wird immer nur eine unvollkommene Kopie natürlicher Mechanismen sein, wir werden unter künstlichen Verhältnissen niemals die Komplexität eines natürlichen Ökosystems herstellen können. Folglich wird es in einem Riffbecken stets Funktionskreise geben, die wir mit technischen Systemen schließen müssen – z. B. Abschäumer, Filter oder Pumpen. Und ebenso wird es immer nötig sein, das fehlende Gegengewicht zum Vermehrungsdruck bestimmter Arten – den Fraßdruck der Räuber – durch den Menschen herzustellen, damit eine Balance der Arten aufrecht erhalten wird. Und stets wird der Mensch mit seinen ästhetisch geprägten Präferenzen versuchen, das Arten-Gleichgewicht an einer anderen Stelle herzustellen und aufrechtzuerhalten, als natürliche Gesetzmäßigkeiten dies in dem jeweiligen Aquarium tun würden. Es ist ähnlich wie in einem Garten: Jeder Eingriff des Gärtners, der Äste zurückschneidet oder Unkraut ausreißt, wird mit der gleichen Motivation durchgeführt wie der des Korallenriffaquarianers, der seine Korallen fragmentiert oder Glasrosen vernichtet – auch wenn es hier meist um Tiere geht und nicht um Pflanzen. Man steuert das Wachstum der Organismen, um die Balance der Arten dort aufrecht zu erhalten, wo man sie selbst wünscht. Weil die Natur ihr Gleichgewicht an anderer Stelle sucht, abhängig von den Arten, die wir miteinander vergesellschaftet haben, und der Technik, die wir einsetzen, um fehlende natürliche Funktionskreise zu ersetzen.

Wenn Räuber fehlen ...

Wir sollten den Begriff „Plage" definieren. Ich meine, einer Plage sieht sich nicht derjenige Aquarianer gegenüber, der zahlreiche Vermetiden im Aquarium ausmacht und diese nicht haben möchte. Das Vorhandensein einer Art im Aquarium innerhalb der relativ stabilen Band-

Nicht unter der Anwesenheit der saugenden Pyramidelliden leidet diese Riesenmuschel *Tridacna derasa* im Aquarium, sondern unter der Abwesenheit von deren Räubern.

breite von Arten müssen wir im Korallenriffaquarium einfach akzeptieren – es ist Bestandteil der Artenvielfalt, die das Riff und das Riffaquarium so faszinierend macht. Wer Borstenwürmer in seinem Becken beobachtet, der hat noch keine Borstenwurmplage. Selbst wenn darin viele Borstenwürmer leben, handelt es sich noch nicht zwangsläufig um eine Plage. Der betreffende Aquarianer besitzt vielleicht nur einen Lippfisch zu wenig. Nach meiner persönlichen Definition fängt die Plage erst dort an, wo sich eine Art gegen die übrigen durchsetzt, sie verdrängt, sie schwächt, vertreibt oder vernichtet. Entscheidend für diese Definition ist, dass das System seine Artenbalance zu verlieren droht. Die Befürchtung, dass genau dies geschehen könnte, ist für mich der Punkt, wo ich von einer Plage spreche. Auch wenn nur eine einzige Gattung auf dem Spiel steht, etwa die Riesenmuscheln, die von Gehäuseschnecken der Familie

Pyramidellidae geschwächt werden, weil deren Räuber fehlen. Aber, wichtig: Die Muscheln leiden nicht an der Anwesenheit der Schnecken, sondern an der Abwesenheit von deren Räubern! In der Natur sind diese parasitären Organismen ebenfalls vorhanden, doch dort wird ihre Population durch Fraßdruck kontrolliert.

Der Aquarienbesatz stellt eine Art Zwangsgemeinschaft dar, eine Gruppe von Lebewesen, die durch unser Zutun zu einer gemeinsamen Existenz gelangen, unter Bedingungen, die wir als Aquarienwirt vorgeben. Und hier unterscheide ich drei verschiedene Gruppen: Einige der Aquarienbewohner haben wir bewusst eingesetzt – beispielsweise die Fische, Garnelen, Korallen oder Riesenmuscheln. Eine ganze Reihe weiterer Bewohner gelangt ohne unser willkürliches Zutun in das Aquarium; wir können sie anschließend entdecken, ihre Präsenz aber nicht oder nur schwer beeinflussen, beispielsweise die Bor-

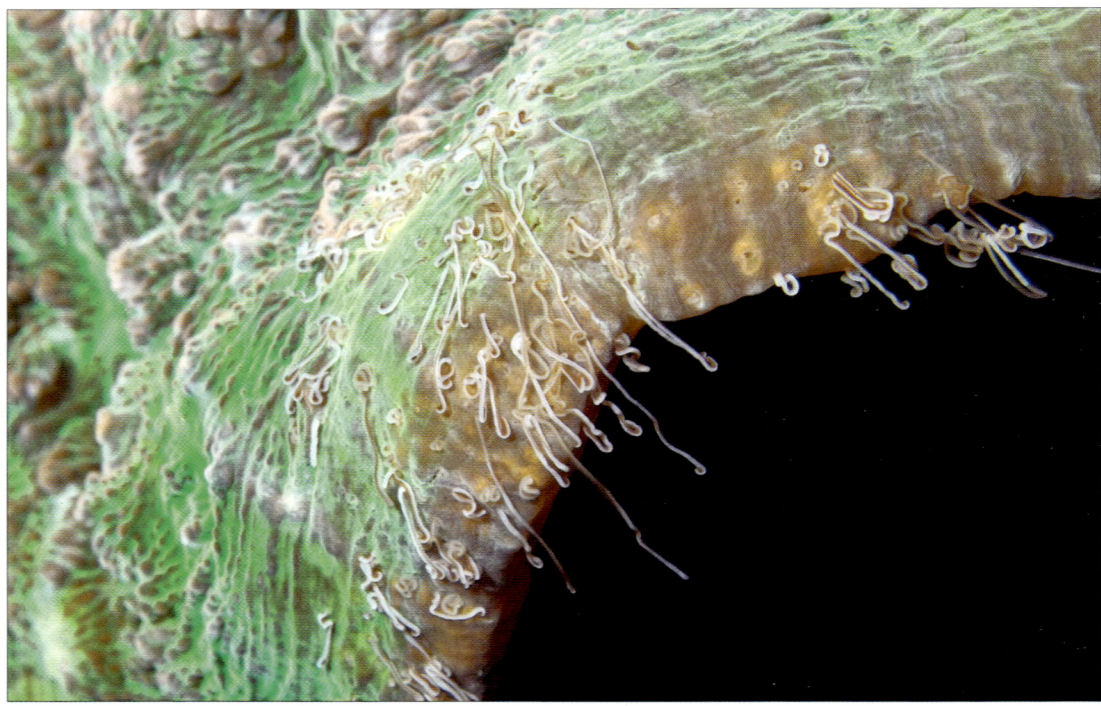

Raumkonkurrenz unter Steinkorallen: Mit Mesenterialfilamenten, die Verdauungssekrete produzieren, wird das Gewebe des Nachbarn aufgelöst und verdaut.

stenwürmer. Und eine dritte Gruppe bilden diejenigen Organismen, die unbemerkt in das Aquarium gelangen und von uns nicht einmal bemerkt werden – und das dürfte im Korallenriffaquarium sogar die Mehrheit sein, zumindest der Individuenzahl nach, aber vielleicht sogar nach der Biomasse, wenn man bedenkt, wie viele Schwämme unter dem Dekorationsgestein wachsen. Die Dauer der gemeinsamen Existenz ist begrenzt; irgendwann richten wir das Aquarium ein, und zu irgendeinem Zeitpunkt in der Zukunft werden wir es wieder auflösen. Und in diesem Zeitfenster – es mögen Monate, Jahre oder Jahrzehnte sein – werden die Vertreter der drei Gruppen miteinander interagieren. Sie werden sich fortwährend gegenseitig beeinflussen, und es wird Populationsverschiebungen in unterschiedlichster Richtung geben. Fische können Schwämme fressen, sie überall dort dezimieren, wo sie erreichbar sind, und sie so in die entle-

gensten Winkel des Dekorationsgesteins zurückdrängen. Oder Schwämme können sich auflösen und giftige Sekundärmetabolite freisetzen, an denen die Fische im Aquarium über Nacht zugrunde gehen. Die Fische können Seeanemonen fressen – oder die Seeanemonen Fische. Weichkorallen stehen mit Steinkorallen in Konkurrenz und versuchen, diese zurückzudrängen, um nicht selbst Boden zu verlieren, im ursprünglichsten Wortsinne – und umgekehrt. Auch innerhalb von Familien und sogar Gattungen wird der Überlebenskampf ausgefochten. Das Leben im Riff ist nicht ein friedliches Miteinander, sondern ein erbitterter Kampf um Nahrung und Siedlungsraum, und er wird fortwährend mit härtesten Bandagen geführt. Nicht nur auf direktem Weg – durch gegenseitiges Fressen oder den Beschädigungskampf mit nesselgiftbewehrten Tentakeln –, sondern auch indirekt, durch schädigende Sekrete, die in das Umgebungswasser

Kampftentakel halten dieser *Hydnophora*-Steinkoralle Raumkonkurrenten vom Leib und drängen andere zurück, um Platz für das eigene Wachstum zu schaffen.

abgegeben werden, durch Abschattung und vieles andere. Überspitzt gesagt, will im Grunde genommen jede Art, die irgendwo auf diesem Planeten existiert, das Gleiche: die Welt beherrschen. Dass dies keine der Arten wirklich schafft, liegt eben an dem Gegendruck durch andere Arten und dem enormen Einfallsreichtum der Evolution. Und genau dies hat zu der unvorstellbaren Artenvielfalt unseres Planeten geführt.

Davon nehmen wir im Aquarium nur eine stetige, äußerst langsame Populationsverschiebung wahr, und dies auch nur bei genauem Hinsehen. Was wir im Riffaquarium vor uns haben, ist nicht die Schönheit einer lebenden Glasvitrine, sondern die eines hochdynamischen und komplexen Systems gegenseitiger Abhängigkeiten, das den Gesetzen der Natur folgt. Nur gibt es hier einen Faktor, den die Natur nicht berücksichtigt hat: uns, den Aquarienwirt. *Wir* definie-

ren die Eckpunkte dieses Systems – durch die Planung und technische Ausrüstung des Beckens. Und wir greifen regelmäßig ein, mit unserer Aquarienpflege, verschieben dabei Balancen, manchmal feinfühlig und vorsichtig, manchmal aber auch dramatisch und rücksichtslos. Oft auch unklug, weil wir dadurch das System von unseren eigentlichen Zielen entfernen, ohne es zu wissen. Und meist merken wir gar nicht, dass wir Balancen ganz allmählich verrücken, etwa durch Anreicherung von Nährstoffen oder Detritus. Alle Organismen im Aquarium reagieren darauf. Manchmal ist diese Reaktion auf unsere Eingriffe von uns erwünscht. Zum Beispiel, wenn die Steinkorallen nach der Spurenelementgabe eine kräftigere Pigmentierung bekommen. Und manchmal ist sie unerwünscht, etwa, wenn die Glasrosen von unserer Filtriererfütterung profitieren und sich stark vermehren. Dann beginnt durch unseren Eingriff in feine Mechanismen die

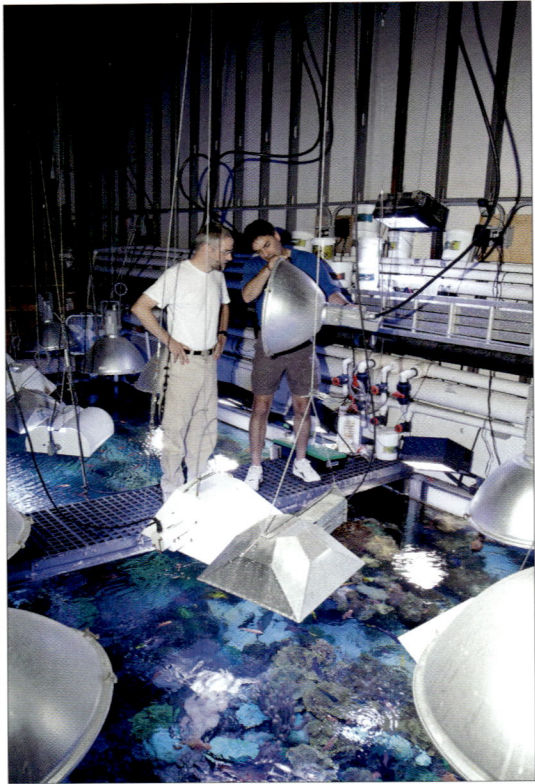

Der Autor gemeinsam mit „Atlantis Marine World"-Direktor Joe Yaiullo auf dem 80.000-l-Riffbecken bzw. beim Schnorcheln im Aquarium

Wir müssen, so gut es geht, die Zusammenhänge und Gesetzmäßigkeiten der Artengemeinschaft in unserem Aquarium verstehen, um die Folgen unseres Handelns vorauszuahnen. Ohne eine gewisse Voraussicht sind wir verloren, werden wir überrumpelt von den Überlebenstricks, die in dem Genom der Aquarienbewohner schlummern. Ich persönlich finde, ein artenreiches Korallenriffaquarium über viele Jahre in der gewünschten Artenbalance zu halten, ist ungefähr so, als würde man eine Kugel auf einer Kugel balancieren. Joe Yaiullo, ein guter Freund in den USA, der in Long Island bei New York das öffentliche Aquarium „Atlantis Marine World" leitet und darin das 80.000-l-Riffaquarium betreibt, das ich einmal als „Krönung der modernen Korallenriffaquaristik" bezeichnet habe, formuliert dies so: „Was in den ersten Jahren funktioniert hat, kann in den Folgejahren durchaus Misserfolg bringen, und man muss fortwährend auf der Suche nach Verbesserungen sein, offen für Veränderung und Anpassung. Ich bin kein Schachspieler, aber ich empfinde die Riffaquaristik als eine Art intensives Schachspiel; man muss seinem Gegner wenigstens 20 Züge voraus sein, um im Spiel zu bleiben. Nicht um zu gewinnen, sondern nur um – hoffentlich – im Spiel zu bleiben. Man sollte also durchaus Spaß haben an seinem Riffaquarium und sich daran erfreuen, sich aber niemals entspannt und zufrieden zurücklehnen, denn der Gegner wartet nur darauf, dass man einen falschen Zug macht. Nur wenn man seinem Gegner voraus ist, besteht die Chance, dass beide noch jahrelang im Spiel bleiben."

Wie die „Plage" bekämpfen?

In gewisser Weise ähnelt der Versuch, eine Plage im Meerwasseraquarium zu besiegen, der medizinischen Behandlung einer Krankheit. Wir müssen grundsätzlich zwei Dinge unterscheiden: das Beherrschen der Symptome und das Beseitigen der Ursache. Die Arbeit am Symptom ist im Prinzip das „Pflasterkleben", etwa das Vernichten von Glasrosen. Es hilft, denn sie werden dadurch ja weniger. Aber: Die Glasrosen haben Tricks im

Artenbalance mit einer Verlagerung in eine Richtung, die uns widerstrebt; eine Art setzt sich massiv gegen alle anderen durch. Und das ist dann das, was wir als eine „Plage" bezeichnen.

Glasrosen der Familie Aiptasiidae – Tiere niedriger Organisationsstufe mit perfekten Überlebensstrategien

Ärmel – respektive im Genom –, um den künstlichen „Fraßdruck" zu überstehen, denn nur deshalb konnten sie bis heute überleben.

Unter Umständen lösen wir mit unseren Bekämpfungsmaßnahmen eine rasante Verstärkung der Plage aus, gewissermaßen das Zuschalten eines „Turboladers" bei der Vermehrung. Das liegt daran, dass viele Arten unerhört raffinierte Mechanismen entwickelt haben, um einen zunehmenden Fraßdruck zu erkennen und dies in ihre Vermehrungsstrategie einzubeziehen. Das ist eigentlich – bei allem Ärger über die Last mit dieser „Plage" – ein bewundernswerter Vorgang, denn es bedeutet im Grunde, dass diese sehr einfachen Organismen, die ja auf einer niedrigen Organisationsstufe stehen, also einen überaus simpel konstruierten Körper besitzen, sich indirekt untereinander verständigen und auf diese Kommunikation reagieren können. Das gilt auch für die Glasrosen. Schon vor Jahrzehn-

ten hat man dies beobachtet, jedoch falsch gedeutet. Man hatte festgestellt, dass in Aquarien, in denen Glasrosen einfach abgebürstet worden waren, plötzlich sehr viele winzige Glasrosen auftraten, bisweilen Hunderte. Daraus hatte man geschlossen, dass die abgebürsteten Gewebeteile der Glasrosen sich wohl irgendwo im Aquarium ansiedelten und fehlende Anteile regenerierten, also zu kompletten, kleinen Glasrosen heranwachsen würden. Das ist nicht richtig, auch wenn es so noch immer in fast allen aquaristischen Fachbüchern steht. Zwar kann eine Glasrose fehlende Körperanteile in ganz erstaunlichem Maß ersetzen, aber das Problem, das dieser durch die Bekämpfung ausgelösten Massenvermehrung zugrunde liegt, ist sehr wahrscheinlich ein anderes, auch wenn diese Zusammenhänge noch nicht wissenschaftlich belegt sind. Nicht herumtreibende Gewebestücke wachsen nach, sondern die frei werdenden Glasrosen-

Fußscheibenlazeration bei Glasrosen – auf diese Weise können bei Bedarf fast auf „Kommando"
unzählige winziger Tochterindividuen produziert werden.

Körpersekrete werden von den unverletzten größeren Aiptasien im Wasser registriert. Sind Körpersekrete verletzter Glasrosen im Aquarium präsent, dann informiert dies die vitalen Exemplare darüber, dass Fraßaktivitäten an Artgenossen im Gange sind. Diese Wahrnehmung veranlasst sie dazu, sich rasch zu vermehren, also z. B. Tochterexemplare an der Fußscheibe abzuschnüren, bevor sie vielleicht selbst gefressen werden, damit diese Exemplare mit der Strömung forttreiben, sich ansiedeln und die Art erhalten können.

Jede große, reife Glasrose ist dazu in der Lage – auch diejenige, die in einem Riffaquarium vielleicht seit Jahren in einer nicht einsehbaren Ecke steht, ohne sich zu vermehren. Es ist gewissermaßen die Ruhe vor dem Sturm – eine solche Aiptasie ist ein „Schläfer"; sobald das Signal von Fraßschäden an Artgenossen wahrgenommen wird, ist der Zeitpunkt gekommen, den vorgesehenen Aktionsplan aus der Schublade zu holen und das Programm abzuspulen. Das ist durchaus im Experiment reproduzierbar; verreibt man einige Glasrosen in einem Aquarium, in dem sich „Schläfer" befinden – große Glasrosenexemplare, die seit langer Zeit keine erkennbare Vermehrungsdynamik gezeigt haben –, dann wird man nach einigen Wochen viele winzige Exemplare bemerken, und solange sich auch nur eine einzige große Glasrose irgendwo unter dem Gestein befindet, kann sie Nachschub freisetzen. Das

sind dann die Riffbecken, in denen fortwährend neue, winzige Glasröschen auf dem Riffgestein auftauchen, bisweilen ohne dass ein großes, adultes Exemplar erkennbar wäre. Das sitzt dann vielleicht irgendwo ganz einsam im Dunkeln hinter dem Dekorationsgestein oder im Filterbecken.

Gerade vor einigen Tagen habe ich diese Vermehrung wieder im Aquarium beobachten können: Ein mittelgroßes Exemplar driftete mit der Wasserströmung umher und befestigte sich an der Aquarienscheibe. Zwei Tage später sah man im Bereich der Fußscheibe kleine Gewebeabschnürungen, am nächsten Morgen saß die Glasrose zwei Zentimeter weiter seitlich, und am ursprünglichen Standort waren nur drei winzige Glasröschen zuzrückgeblieben, und ein schleimiger „Kranz", der noch an den Mutterpolypen erinnerte. Am Abend war die große Glasrose wieder verschwunden, am nächsten Morgen die drei „Babys" ebenfalls – sie alle hatten sich mit der Strömung verdriften lassen, um sich anderswo anzusiedeln.

Warum erläutere ich diese Dinge hier, im allgemeinen Teil des Buches, und nicht später, im speziellen Teil unter dem Stichpunkt „Glasrosen"? Ganz einfach: Dies soll als Beispiel für zahlreiche ähnliche Strategien dienen, die andere Arten aufweisen können. Prinzipiell müssen wir bei unserem Dezimieren dieser lästigen Organismen im Aquarium, mit dem wir ja einen Fraßdruck

Abgeschattete Glasrosen bleichen aus und haben eine weitaus stärkere Tendenz als beleuchtete Artgenossen, winzige Tochterindividuen zu produzieren, die mit der Strömung verdriften.

Kleine Glasrosen treiben mit der Wasserströmung umher, bis sie an ein Substrat gelangen, auf dem sie sich niederlassen.

simulieren, immer damit rechnen, gut organisierte Gegenmaßnahmen auszulösen. Und wir sollten beim Betrachten einzelner, „harmloser" Vertreter einer Art, die dafür bekannt ist, dass sie dramatische Vermehrung entwickeln kann, immer davon ausgehen, einen „Schläfer" vor uns zu haben, der nur darauf wartet, dass wir ihm zu Leibe rücken. Wenn die einzelne, große Glasrose im Fußbereich aber so leicht Gewebe abschnüren und Tochterindividuen erzeugen kann, um eine ganze Kolonie zu gründen, warum tut sie es dann bisweilen jahrelang nicht? Weil sie sozusagen davon ausgeht, dass diese Kolonie Räuber anlocken würde und sie nach deren Festmahl selbst verschwunden wäre! Dieses latente Vermehrungspotenzial ist die Lebensversicherung dieser Art, und jene Exemplare, die nicht diese Strategie verfolgt haben, konnten sich schlichtweg nicht erhalten und fortpflanzen.

Anders ist es bei Glasrosen, die abgeschattet werden. Stellen wir uns eine Glasrose vor, die plötzlich abgedunkelt wird. Ihr fehlt vollständig das Licht, das sie für ihre Symbiosealgen benötigt. Zwar kann sie sich unter diesen Umständen durch vermehrten Fang von Schwebestoffen jahrelang am Leben erhalten, aber es hat dann keinen Sinn, sein Vermehrungspotenzial für die Zukunft aufzuheben – eine Zukunft, von der niemand weiß, wie sie aussehen wird. Weitaus sinn-

voller ist es in dieser Situation, alle Register zu ziehen, um winzige, überlebensfähige Nachkommen ins Freiwasser zu bringen, die verdriften und sich anderswo ansiedeln können, wo vielleicht bessere Lichtbedingungen herrschen. Genau das macht unsere weißlich transparent gewordene, ausgebleichte Glasrose, und zwar mit allen Mitteln, die ihr zur Verfügung stehen. Sollten wir also auf die Idee gekommen sein, unsere Glasrosen dadurch zu bekämpfen, dass wir sie einfach abschatten, dann steht uns eine große Überraschung bevor – oder besser gesagt, Hunderte winzig kleiner Überraschungen, die über Monate dafür sorgen können, dass unser aquaristischer Alltag ereignisreich verlaufen wird.

Über Pflasterkleben und Ursachenbeseitigung

Bisweilen reicht es zum Beenden einer Massenvermehrung aus, die betreffende Art zu dezimieren. Wenn das hilft, dann ist unser Problem gelöst. Meist ist es das aber nicht wirklich, denn das Auslöschen einer Teilpopulation der betreffenden Organismen ist in der Regel nicht viel mehr als das Pflasterkleben – und, wie beschrieben, es ist manchmal sogar der Fußtritt, mit dem wir den schlafenden Löwen wecken. In den allermeisten Fällen muss man zusätzlich auch noch einiges im Aquarium oder an der Pflege verändern, etwa im Nährstoffhaushalt, um das Nach-

Chelmon rostratus – die Ziege als Rasenmäher ...

wachsen lästiger Algen zu vermindern, oder an der Fütterung, um nicht zu viele feine Schwebepartikel ins Aquarium gelangen zu lassen, die den Glasrosen – um bei meinem Beispiel zu bleiben – nützen und ihre Vermehrung fördern könnten. Dazu ist es in der Regel unumgänglich, die Plage zu verstehen, zu begreifen, warum die Artenbalance so entgleist ist, damit man die Ursache beseitigen kann.

Anstatt uns selbst als menschliche „Scheinräuber" zu betätigen und den fehlenden natürlichen Fraßdruck zu ersetzen, könnten wir freilich auch auf die Idee kommen, uns durch ein Tier vertreten zu lassen. Ein Aquarientier hat – im Gegensatz zu uns – den ganzen Tag über Zeit, einer solchen Aufgabe nachzukommen und kann das auch noch viel besser als wir. Und ganz sicher hat es daran mehr Spaß – könnte man zumindest denken. Darum ist die biologische Be-

kämpfung einer Massenvermehrung in der Aquaristik sehr populär. Im Prinzip ist ja auch nicht viel dagegen zu sagen, wenn man es richtig macht. Aber eben „richtig" auch im Sinn des Aquarientiers, das die Arbeit verrichten soll, denn dabei wird oft ein entscheidender Fehler begangen. Das Problem ist, dass wir ein Tier instrumentalisieren und zweckgebunden einsetzen, statt ihm ein artgerechtes Umfeld zu schaffen. Wir reduzieren es auf eine uns willkommene, hilfreiche Eigenschaft, anstatt diese lediglich als eine von vielen Facetten seines Verhaltens zu sehen. Damit werden wir den Lebensansprüchen dieses Tiers in den wenigsten Fällen gerecht und verkürzen seine Lebensspanne meist drastisch. Unzählige *Chelmon rostratus* könnten ein Lied davon singen – wenn sie noch leben würden. Und Diademseeigel. Und *Zebrasoma flavescens* oder *Salarias fasciatus*. Und, und, und. Wenn wir den

Knopia octocontacanalis – bedrängt von *Convolutriloba retrogemma*

Fisch zum Algenvertilgen einsetzen, machen wir die Ziege zum Rasenmäher. Aber eine Ziege hat andere Bedürfnisse als ein Rasenmäher!

Was ich damit im Detail meine, möchte ich an einem Beispiel schildern. Stellen wir uns ein Riffaquarium vor, mit 500 l Volumen, besetzt fast ausschließlich mit Weichkorallen. An Fischen befinden sich darin lediglich drei adulte Kardinalbarsche der Art *Pterapogon kauderni* mitsamt ihren fünf im Aquarium bzw. Filterbecken ohne Zusatzfütterung halbwüchsig gewordenen Nachkommen, also insgesamt acht kleine Fische. Alles in allem ein völlig problemlos funktionierendes Weichkorallenbecken, wären da nicht unzählige Plattwürmer – nein, nicht Planarien, denn „Planarien" gibt es, wie mir vor rund 15 Jahren ein befreundeter Zoologe verriet, nur im Süßwasser. Es sind Turbellarien – laut Literatur *Convolutriloba retrogemma*. Kleine, flache, brau-

Schlaraffenland – den Körper in der Sonne parken und warten, bis man satt ist ...

Convolutriloba retrogemma nutzt jede lichtzugewandte Oberfläche, um „Sonne" zu tanken ...

Der Scooter-Blenny (*Neosynchiropus ocellatus*) – Turbellarienfresser oder nicht?

ne „Scheiben" mit einem rötlichen Schwänzchen, sie sitzen zu Tausenden auf jeder lichtzugewandten Fläche. Was tun? Drei Vorschläge:

Plan A: Chemische Keule. Vier Gramm Concurat-L mit dem hochwirksamen Inhaltsstoff Levamisolhydrochlorid auf 500 l, danach gut mit Aktivkohle filtern, und die Plattwürmer sind Vergangenheit. Nachteil: Alle anderen Würmer auch. Der gesamte Bodengrund gleicht einem marinen Friedhof, und das Innere des Lebendgesteines ist komplett mit Wurmleichen durchsetzt. Dieses Wurmmittel hat die Lizenz zum Töten. Es stammt aus der Tiermedizin und wird z. B. gegen Eingeweidewürmer bei Schweinen eingesetzt. Also tötet es nicht nur Turbellarien, sondern tatsächlich alle Würmer, und zwar hocheffektiv und gründlich. In den nächsten Tagen und Wochen wird unser Aquarium also regelrecht vergiftet, weil sich alle Wurmleichen zeitgleich zersetzen, und anschließend ist das Becken dramatisch an Arten verarmt. Das ist also keine Lösung.

Plan B: Über Ursachen nachdenken. Umständlich, und zudem ist nicht sicher, dass man des Rätsels Lösung findet. Warum vermehren sich die Plattwürmer so rasant? Ist das Aquarium einfach mit diesen unliebsamen Gästen infiziert worden, ist also eine „Infektion" der

Grund? Breitet sich diese Plage zwangsläufig im Aquarium aus, wenn diese Plagegeister hineingelangen? Soll man vielleicht jede Koralle vor dem Einsetzen in einer Lösung baden, die alle Turbellarien abtötet oder vom Substrat vertreibt? Oder ein Quarantänebecken nutzen? Oder hat die Massenvermehrung andere Ursachen? Hängt sie mit der Aquarientechnik zusammen? Beleuchtung? Filter? Pumpen? Oder mit dem Besatz? Lieber nicht lange darüber nachdenken, denn es gibt ja ...

Plan C: Einen Turbellarienfresser einsetzen. Früher griff man zu diesem Zweck zu bestimmten Fischen, denen man nachsagte, sie fräßen Turbellarien. *Neosynchiropus ocellatus* war einer von ihnen, der „Scooter Blenny". Zwar ist mir in 25 Jahren Korallenriffaquaristik niemand begegnet, der ihn wirklich dabei beobachtet hatte, aber irgendwie muss das wohl irgendjemand herausgefunden haben, denn es stand in allen Büchern. Und tatsächlich, sobald man einige dieser Fische in das betreffende Aquarium gesetzt hatte, nahm die Zahl der Turbellarien meist spürbar ab. Zwar verschwanden sie in der Regel dadurch nicht ganz, aber sie wurden weniger. Und da lag es natürlich nahe, anzunehmen, dass die Fische diese Tierchen fressen. Auch wenn es keiner sehen konnte. Vielleicht fressen sie die Dinger ja nur nachts, im Dunkeln, wenn es niemand beobachtet. (Tatsächlich ist die Lösung des Rätsels eine andere, aber darauf komme ich später – aus „dramaturgischen" Gründen).

Chelidonura varians, das „Turbellarienmonster"

Das Saugmaul von *Chelidonura varians* auf der Suche nach Turbellarien

Biologische Bekämpfung

Heute greift man bei diesem Problem zur Nacktschnecke *Chelidonura varians*, denn die frisst die Turbellarien nachweislich. Man kann zusehen und sich darüber freuen, auch wenn es jeweils nur ein einziges Würmchen ist, das die Schnecke in ihr staubsaugerähnliches Maul hineinzieht. Hat man sich über die Plage ausreichend lange geärgert, dann macht es riesig Spaß, zuzuschauen, wie diese lästigen Plattwürmer einer nach dem anderen im gierigen Saugmaul der Schnecke verschwinden. (Zwar vermehren sie sich schneller, als die eine Schnecke sie fressen kann, aber solche Gedanken verdrängen wir in dieser Situation.) Jeden Tag werden wir nun wenigstens drei Mal – morgens, mittags und abends – vor dem Aquarium auf dem Boden knien und sorgfältig kontrollieren, ob unser Turbellarienmonster auch fleißig bei der Arbeit ist und emsig Plattwürmer einsaugt. Das ist ja schließlich seine Aufgabe und sein Existenzzweck in unserem Aquarium – dafür haben wir es ja angeschafft.

Anfangs wird das auch funktionieren, denn die Schnecke hat riesigen Appetit (wahrscheinlich hat sie im Verkaufsbecken des Fachhändlers ebenso wenig fressen können wie zuvor beim Exporteur und ist halb verhungert). Und nach zwei Wochen stellen wir tatsächlich fest, dass die Zahl der Turbellarien leicht abnimmt – oder ist das nur Einbildung? Ab und zu sieht man die Schnecke nun pausieren – sie sitzt dann meist ir-

gendwo in kräftigster Wasserströmung. Nun – wer fleißig arbeitet, hat auch Pausen verdient. Obgleich die Turbellarien allerdings nicht wirklich so rasant abnehmen, wie wir uns das vorgestellt haben. Wahrscheinlich dauert es einfach nur länger. Oder wir brauchen noch zwei, drei weitere Schnecken – erst einmal abwarten.

Aber eine Woche später fällt uns auf, dass die Pausen immer länger werden – die Schnecke sitzt den lieben langen Tag in einer plattwurmfreien Zone und lässt sich die Wasserströmung um die Ohren brausen. Wir fangen an, die Schnecke gelegentlich mitten auf die Turbellarienfelder zu setzen – vielleicht findet sie die Dinger ja einfach nicht. Und prompt fängt sie auch wieder an zu fressen – prima. Doch noch eine Woche später hat die Plattwurm-Dichte noch immer nicht deutlich abgenommen, und die Schnecke

Mit erkennbarer Gier stellt die Schnecke den Plattwürmern nach.

Chelidonura varians als Lösung für das Problem Turbellarienplage – geht das gut?

sitzt praktisch permanent in der Wasserströmung, apathisch, frisst nichts mehr. Irgendwann ist sie dann verschwunden.

In der Not frisst der Teufel Fliegen

Was ist schief gelaufen? Kurz gesagt: alles. Die Schnecke ist inmitten eines Nahrungsüberschusses verhungert. Wie kann das passieren? Zu Fressen war doch wirklich genug im Becken – unzählige Plattwürmer! Kann man da verhungern? Man kann. Auch ein *Chelmon rostratus*, der Glasrosen frisst, kann in einem Meer von Glasrosen verhungern. Oder ein Seeigel, der Algen frisst, kann in einem Meer von Algen verhungern – oder präziser formuliert, an Mangelerscheinungen zugrunde gehen. Wer Glasrosen frisst, muss nicht automatisch dazu in der Lage sein, den gesamten Vitalstoffbedarf seines Körpers aus dieser einen Nahrungsquelle befriedigen zu können. Auch für uns Menschen ist eine gewisse Nahrungsvielfalt überlebenswichtig – niemand von uns käme auf die Idee, sich jahrelang ausschließlich von Erdnüssen zu ernähren. Klar, wir Menschen essen Erdnüsse – aber eben unter anderem. *Chelmon rostratus* frisst Glasrosen – unter anderem. Seeigel fressen Algen – unter anderem (vergleiche KNOP 2008c).

Und selbst bei einem absoluten Nahrungsspezialisten wie dem Turbellarienfresser *Chelidonura varians* wissen wir nicht sicher, ob die von uns gereichten Turbellarien auch wirklich genau diejenigen sind, auf die er sich spezialisiert hat. Frisst *Chelidonura varians* in der Natur ausschließlich *Convolutriloba retrogemma*? Oder eher eine Vielzahl unterschiedlichster Plattwürmer? Letzteres ist erheblich wahrscheinlicher. Wenn wir ein Tier instrumentalisieren und es einsetzen, um eine Massenvermehrung zu beenden, dann zwingen wir es zu einer extrem einseitigen Diät. Die Tatsache, dass es die angebotene Nahrung frisst, werten wir als Hinweis darauf, dass dies wohl eine geeignete Nahrung sei. Das muss aber durchaus nicht der Fall sein – in der Not frisst der Teufel bekanntlich Fliegen. Ein *Chelmon rostratus* ist ein Räuber, der für seine gesunde Ernährung eine große Bandbreite an Nahrungstieren benötigt. Und er kann normalerweise ebenso selbstbestimmt fressen, wie wir Menschen unsere Nahrung selbstbestimmt auswählen – bewusst oder unbewusst. Das betrifft nicht nur die Vitalstoffe, die der Körper braucht. Es geht dabei vielfach auch um die Anreicherung von Giftstoffen. Bedenken wir, dass sich viele Arten in der Natur durch Fraßgifte vor Räubern schützen – Tiere und Pflanzen bzw. Algen. Manche Räuber entwickeln relative Immunität gegen diese Stoffe und können durchaus solche Arten konsumieren, meist aber nur in begrenztem Umfang. Solche „giftige" Nahrung darf dann immer nur einen bestimmten Prozentsatz ihrer Gesamtnahrung ausmachen, oft nur einen kleinen. Zwingen wir diese Tiere aber über ihren Hunger dazu, sich ausschließlich von Glasrosen oder Platt-

Chelidonura varians kriecht gezielt an die Turbellarien heran, fährt ihren kurzen Rüssel aus und saugt die Turbellarien ein wie ein Staubsauger.

würmern zu ernähren, dann treiben wir sie in eine Selbstvergiftung, die irgendwann ihre Gesundheit ruiniert – unwiederbringlich. Auch hier wieder ein Vergleich: Chili-Schoten. Die Chili-Pflanzen schützen ihre in den Schoten liegenden Samen durch einen Fraß-Hemmstoff, der über die Schmerzrezeptoren in der Mundschleimhaut ein starkes, unangenehmes Gefühl erzeugt – die Schärfe. Das schreckt im Tierreich so viele hungrige Mäuler ab, dass man beispielsweise in Indonesien rund um ein Feld mit Nutzpflanzen Chili anbaut, die Felder also gewissermaßen damit umsäumt – eine hocheffektive Abwehr von Fraßschäden. Der Mensch ist in gewissem Rahmen immun gegen diese Substanz; er kann eine kleine Menge dieser Chilis vertragen – z. B. eine einzige vermischt mit einem ganzen Teller normaler Speisen. Würde man von ihm aber verlangen, einen ganzen Teller Chilis zu essen, sich ausschließlich davon zu ernähren, wäre es schnell vorbei mit dem Appetit. Schon nach einer Hand voll Chili-Schoten ist eine Magenschleimhautentzündung noch die harmloseste Reaktion des Körpers – probieren Sie es. Was man in Maßen

konsumieren kann, das kann im Übermaß eine Katastrophe auslösen.

Natürlich lässt sich ein *Chelmon rostratus* gegen Glasrosen einsetzen. Und das gilt ebenfalls für andere Tiere, etwa Pfefferminzgarnelen (*Lysmata wurdemanni*). Aber vor allem präventiv, um die starke Vermehrung zu verhindern, wenn

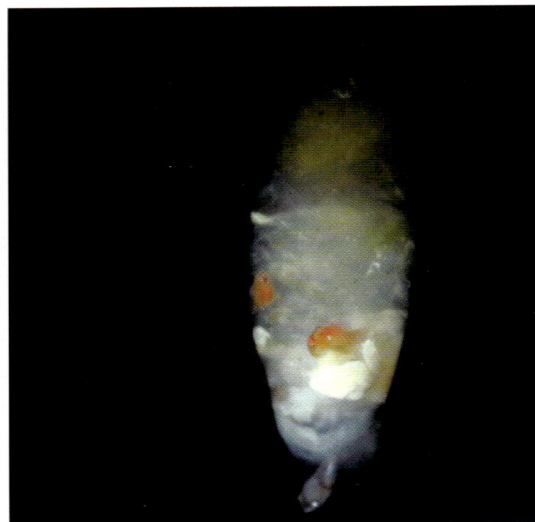

Nach der Mahlzeit wird eine Pause gemacht – doch die Pausen werden immer länger.

noch nicht viele da sind und es reicht, ab und zu mal eine vertilgen zu lassen. Haben wir eine kleine Glasrosenpopulation im Aquarium, dann eignet sich der *Chelmon* gut, um eine starke Vermehrung zu verhindern und zwischen dem Röhrenwürmchen und dem Gammariden auch mal eine kleine Glasrose zu fressen. Eine dramatische Glasrosenplage aber beenden zu wollen, indem man den Fisch zwingt, sich ausschließlich von diesen Aiptasien zu ernähren, schlägt fehl. Solange andere Nahrung da ist – etwa in Form kleiner Gammariden und Tanaiden oder vielleicht sogar winziger Lederröhrenwürmer –, werden diese Fische wahrscheinlich keine einzige Glasrose anrühren. *Bispira viola* schmeckt eben besser, ist nahrhafter und hat keine Nesselgifte. Wenn man aber alle anderen Nahrungsressourcen ausgeschöpft hat, dann sind die nesselgiftverseuchten Glasrosen immer noch besser als zu verhungern. Auch wenn man allmählich unter den Nesselgiften leidet. Aber irgendwann ist auch der stärkste Kupferbandfalterfisch überfordert, wird krank und stirbt. Und in den Büchern steht dann, er sei ein empfindlicher Fisch. Ähnlich ist das mit der zauberhaften schwarzen Nacktschnecke *Chelidonura varians*.

Wenn wir also noch einmal zurückdenken zu der Preisfrage, wie man mit der geschilderten Turbellarienplage am besten verfahren sollte, dann wäre die richtige Antwort nicht Plan C gewesen, sondern Plan B: über Ursachen nachdenken.

Turbellarien – die Sache mit dem Sauerstoff

Ich habe das vor einiger Zeit getan – genau genommen vor rund 20 Jahren. Damals stand ich vor einem Rätsel: Ich hatte vier technisch identisch ausgestattete 1.000-l-Riffbecken mit jeweils einer Algenkammer von vielleicht 50 l Volumen. In allen vier Kammern wuchs damals *Caulerpa racemosa*, und in drei davon vermehrten sich die Turbellarien *Convolutriloba retrogemma*, doch in der vierten fand ich nicht ein Exemplar. Warum? Der einzige Unterschied: In dieser Algenkammer befanden sich sechs Seepferdchennachzuchten aus dem Frankfurter Zoo. Doch das konnte nicht die Lösung des Rätsels sein, dachte ich zunächst, denn die fraßen niemals erkennbar Turbellarien. In einem aquaristischen Fachbuch fand ich seinerzeit etwas, das mir eine Erklärung zu sein schien: Manche Fische fressen winzige Copepo-

Convolutriloba, die „Rote Turbellarie", ist ein Musterbeispiel für die Entgleisung einer Art in die Massenvermehrung, ausgelöst durch die aquaristischen Umgebungsverhältnisse.

den, die für die Turbellarien wahrscheinlich eine Nahrungsgrundlage darstellten. Damit war ich zufrieden – obgleich ich damals insgeheim bezweifelte, dass die Turbellarien Copepoden fräßen. Tun sie auch nicht! Aber mir reichte diese Erklärung zunächst. Bis ich in eines der anderen drei Algenbecken einen kleinen Zackenbarsch einsetzte: *Cephalopolis miniata*, blutrot, mit wunderschön irisierenden, blauen Punkten. Das Ergebnis: Nach wenigen Tagen waren in dieser Algenkammer alle Turbellarien verschwunden. Was, um alles in der Welt, war passiert? Der Zackenbarsch verschlang gierig Speisefisch oder Garnelen, aber der Gedanke, dass er von den saftig grünen Thalli der Kriechsprossalgen auch nur eine einzige Turbellarie genascht hätte, kam mir damals schon absurd vor. Es musste also einen anderen Zusammenhang geben.

Noch neugieriger auf die Lösung wurde ich, nachdem ich in ein weiteres unbesetztes Aquarium, das ebenfalls von Turbellarien geplagt war, einen Gemeinen Kraken (*Octopus vulgaris*) einge-

setzt hatte. Auch hier waren die Plattwürmer innerhalb weniger Tage verschwunden, aber der Grund dafür war mir ein Rätsel. Der Krake riss gierig alles an sich, was fressbar oder aus irgendeinem anderen Grund interessant war (und erhielt darum den Namen „Stoltenberg", nach dem damaligen Bundesfinanzminister). Aber niemals hätte „Stoltenberg" eine Turbellarie auch nur eines Blickes gewürdigt. Warum also war diese lästige Plattwurmpopulation plötzlich zurückgegangen?

Wo lag die Gemeinsamkeit von Seepferdchen, Zackenbarsch und Krake, deren Anwesenheit offensichtlich die Vermehrung der Turbellarien bremste? Ganz einfach: sie atmen! Sie verbrauchen Sauerstoff! Im Algenbecken mit starker Fotosynthese erzeugen wir unnatürlich sauerstoffreiche Verhältnisse. Unter natürlichen Bedingungen steht der Sauerstoffproduktion auch ein Sauerstoffverbrauch gegenüber. In diesen Algenbecken war das anders, denn dort fehlten Sauerstoff-Konsumenten. Ich erzeugte also

„Sonnengebräunte" Leiber, dicht an dicht, wie am Strand von Ibiza: Der Plattwurm *Convolutriloba retrogemma* lässt es sich gut gehen.

ein Ungleichgewicht, mit dem ich Organismen, denen ein hoher Sauerstoffgehalt des Umgebungswassers nützt, besonders gute Lebensmöglichkeiten bot.

Die Schwachstelle finden

Was hat das nun mit den Turbellarien zu tun? Turbellarien der Ordnung Acoela besitzen weder Atmungsorgane noch Blutkreislauf. Ihr Gasaustausch findet passiv über die gesamte Körperoberfläche statt. Darum sind diese Plattwürmer offenbar auf einen höheren Sauerstoffgehalt im Umgebungswasser angewiesen als aktiv atmende Tiere. Ein Sauerstoffüberschuss im Wasser schafft ihnen möglicherweise paradiesische Verhältnisse, und da sie im Bindegewebe Grünalgen (Zoochlorellen) besitzen, müssen sie für ihre Ernährung nichts anderes tun, als ihren Körper in der Sonne zu parken und zu warten, bis sie „satt" sind. Fressen können sie nicht, denn nach der Infektion mit den Algen wird der Mund zu-

rückgebildet. Ihre Populationsdichte wird unter natürlichen Verhältnissen nicht über die Nahrungsgrenze geregelt, sondern über den Räuberdruck und den Sauerstoffgehalt des Umgebungswassers; dort, wo dieser niedrig ist, können sie nicht existieren. Limitierender Faktor ist bei ihnen also nicht der Nahrungs-, sondern der Sauerstoffmangel. Und genau den habe ich beseitigt, und mit ihm alle Sorgen, die diese Plattwürmer vielleicht hatten. Die Frage, warum sie trotz ihrer fotosynthetisierenden (und Sauerstoff produzierenden) Symbionten offenbar aus der Umgebung so viel Sauerstoff aufnehmen müssen, dass sie sich in sauerstoffreichem Wasser stark vermehren und bei reduziertem Sauerstoffgehalt des Umgebungswassers schwächer, ist bisher unbeantwortet, aber meinen bisherigen Beobachtungen entnehme ich, dass dies so ist.

Unter diesem Aspekt war es durchaus nachvollziehbar, dass in meinen Becken die Turbellarien nach dem Einsetzen von Seepferdchen, Zackenbarsch oder Krake ihre Populationsdich-

Chelidonura varians frisst die Turbellarien, kann das Problem aber trotzdem nicht lösen.

ten nicht aufrecht erhalten konnten, denn jeder dieser Aquariengenossen verbrauchte eine Menge Sauerstoff und sorgte dafür, dass die Verhältnisse im Wasser sich drastisch veränderten. Nach dieser Erkenntnis beobachtete ich Riffbecken anderer Aquarianer, die von Turbellarien geplagt wurden, und immer wieder stellte ich fest, dass es extrem fischarme Aquarien sind, in denen *Convolutriloba retrogemma* massenhaft auftritt. Und selbst 20 Jahre später konnte ich diese Zusammenhänge demonstrieren, nämlich in besagtem 500-l-Becken mit den acht *Pterapogon kauderni*, in dem eine Nacktschnecke *Chelidonura varians* das Turbellarienproblem nicht hatte lösen können. Der Algenwuchs war kräftig, *Valonia*-Kugelalgen überzogen jede lichtzugewandte Oberfläche, und durch manuelle Eingriffe war der Algenplage nicht beizukommen. Auf jeder Algenkugel saßen wenigstens drei Turbellarien und sonnten sich. Erst das Einsetzen zweier Fuchsgesichter (*Siganus vulpinus*) konnte das Milieu dramatisch verändern; die Algenmenge wurde reduziert, was die Sauerstoffproduktion bremste, und zugleich verbrauchten die beiden Fische Sauerstoff. Innerhalb weniger Wochen ging die Dichte der Turbellarien dramatisch zurück, auf wenige Prozent der ursprünglichen Zahl, blieb dann jedoch konstant – was zeigte, dass die Anwesenheit der Plattwürmer im System schlichtweg belanglos ist. Ein Aquarium wird also nicht durch die Infektion mit acoelen Plattwürmern zu einem Problembecken, sondern durch das Acoela-freundliche Milieu, das sie von limitierenden Faktoren befreit.

Dieses Beispiel zeigt, dass der Kampf gegen eine meeresaquaristische „Plage" nicht einfach darauf reduziert werden kann, für jeden unliebsamen Aquariengast einen passenden Räuber zu suchen, der den Bestand auf biologischem Weg dezimiert. Zahlreiche Aquarianer haben mich im Laufe der letzten 20 Jahre angesprochen, um zu fragen, wer denn dieses, das oder jenes fresse. „Irgendjemand muss doch diese Art fressen, denn in der Natur ist doch auch der Fraßdruck da!" Richtig, das stimmt, aber dieser Fraßdruck ist nicht so spezifisch, wie wir uns das wünschen. Kein Fisch im natürlichen Lebensraum wird gezielt *Acrossota amboinensis* fressen. Ebenso wie sich niemand allein auf Glasrosen der Gattung *Aiptasia* spezialisiert hat. Oder auf den Plattwurm *Convolutriloba retrogemma*. Meist kommt es darauf an zu verstehen, dass wir nicht einfach nur eine Plage beenden, sondern das Gesamtmilieu des Aquariums in eine bestimmte Richtung lenken müssen. Und dazu gibt es keine Patentrezepte, die bei jedem Aquarium anwendbar wären und zum Erfolg führten, weil jedes Korallenriffaquarium einmalig ist. Die Zahl der einzelnen Faktoren, die das Aquarienmilieu prägen, ist gewaltig, und ihre Summe ist das, was wir hinter den Glasscheiben erleben. Das Milieu in jedem einzelnen Korallenriffaquarium ist so einzigartig wie ein Fingerabdruck, und oft braucht man ungeheuer viel detektivischen Spürsinn, um ein so komplexes Problem zu lösen.

Chemischer Abwehrkampf der Korallen

Das Milieu in einem Korallenriffaquarium wird nicht nur durch technische (abiotische) Faktoren bestimmt, sondern auch durch die Lebewesen darin, was man als biotische Faktoren bezeichnen könnte. Die direkte Auseinandersetzung zwischen zwei Korallen, etwa mit Hilfe von Kampftentakeln oder Mesenterialfilamenten, soll fremdes Gewebe zerstören und in letzterem Fall sogar aufnehmen und verwerten, wodurch eine Koralle aus dem Untergang eines Raumkonkurrenten doppelten Nutzen ziehen kann. Einen solchen Kampf nehmen wir mitunter wahr, entweder, weil wir den Vorgang miterleben, oder weil wir später das kreideweiße Korallenskelett sehen und daraus Rückschlüsse ziehen können. Ganz anders ist das mit der indirekten Auseinandersetzung zwischen den Korallen, denn sie hinterlässt keine Spuren. Wir können sie nur intuitiv erfassen.

Korallen und andere Nesseltiere verändern beispielsweise durch ihre Sekretfreisetzungen ihre Umgebung und prägen das Milieu. Dadurch drängen sie andere Arten zurück und bekämpfen sie indirekt. Die räumlich beengten Verhältnisse eines Aquariums verstärken diesen Effekt drastisch, denn in dem geringen Wasservolumen konzentrieren sich diese Nesselgifte viel stärker als im natürlichen Lebensraum. Die Siedlungsfläche ist für zooxanthellate Wirbellose das, was für andere Organismen die Nahrung ist, und entsprechend heiß wird sie umkämpft. Dazu gehört nicht nur der direkte Nahkampf mit Kampftentakeln und Mesenterialfilamenten, sondern bei vielen Arten auch die indirekte Auseinandersetzung über freigesetzte Nesselgifte.

Bei diesen Stichworten erinnere ich mich an ein ca. 800 l fassendes Riffbecken der inzwischen verstorbenen Aquarianerin Hannelore REINEHR, das in den späten 1980er-Jahren praktisch vollständig mit einer *Anthelia*-Art bewachsen war (es könnte sich auch um eine Koralle der Gattung *Sansibia* gehandelt haben, die Dr. Phil ALDERSLADE im Jahr 2000 aufgestellt hat, die von dieser nur anhand der Sklerite zu unterscheiden ist). Bodengrund, Dekorationsgestein und Beckenrückwand waren vollständig mit einem dichten Polypenpolster dieser Koralle überzogen. Das Aquarium entwickelte sich prächtig, und die Koralle wuchs so stark, dass man – bildhaft gesprochen – bei Arbeiten in diesem Becken Acht geben musste, dass sie einem nicht über die Hände wuchs. Wir wollten damals versuchen, ein bisschen mehr Artenvielfalt in das Becken zu bringen, und setzten aus einem anderen Aquarium – sie pflegte zehn Einzelbecken mit einem Gesamtvolumen von rund 6.000 l im Aquarienkeller – eine Bäumchenweichkoralle *Litophyton arboreum* hinein. Wenige Wochen nur dauerte es, bis diese Koralle nur noch eine Karikatur ihrer selbst war – obgleich sie nie direkt mit den Anthelien (respektive Sansibien) in Kontakt gekommen war. Allein die im Freiwasser treibenden Nesselgifte hatten dazu geführt, dass die Polypen und die Polypenträger fast vollständig degeneriert waren und die Koralle auf ihren Stamm und wenige dickere Äste reduziert worden war. Ein zweiter Versuch mit einer weiteren Weichkoralle führte zum gleichen Ergebnis.

Sechs Momentaufnahmen eines Energie zehrenden Existenzkampfs zweier Steinkorallen, der mit unerbittlicher Härte geführt wird: 31.7., 10:00 Uhr und 15:00 Uhr, 13.8., 2.9. 10.10. und 17.10. – wir Menschen nehmen von einer solchen Auseinandersetzung stets nur eine einzige Momentaufnahme wahr, weil sie sich in Zeitdimensionen abspielt, die uns nicht vertraut sind.

Das war 1986. Dann begann ich, diese Beobachtung umzusetzen, und konstruierte eine Weichkorallenzuchtanlage, mit flachen Becken, in denen Korallen in einer Monokultur wachsen sollten. Das Ergebnis war, dass bald die Korallen an den Glasscheiben emporwuchsen. Rund zehn Jahre später verwendete ich das gleiche Verfahren in meinen ersten Korallenfarmprojekten auf den Philippinen, und weitere acht Jahre später in Indonesien. Warum beginnen Korallen in einer solchen Monokultur fast regelmäßig zu wuchern und ein sagenhaftes Wachstumspotenzial zu entwickeln, das sie in einem Riffbecken mit ausgewogenem Mischbesatz niemals erreichen? Um

Einfach konstruierte Weichkorallenzuchtanlage des Autors aus den frühen 1990er-Jahren für die Monokulturzucht einzelner Arten, unten ein Sammelbecken mit Aktivkohlefilterung

Der Autor in einem Korallenfarmprojekt in Indonesien, in dem die aquaristischen Erfahrungen mit Monokulturen und beschränkter Artenzahl im natürlichen Lebensraum der Korallen umgesetzt wurden

dies zu verstehen, müssen wir uns vor Augen halten, dass der Abwehrkampf – der direkte und der indirekte – die Koralle Energie kostet. Nichts auf der Welt ist umsonst, wie wir alle aus eigener Erfahrung wissen, und das gilt auch für eine Koralle. Je mehr Energie sie in ihre Verteidigung investieren muss, umso weniger ist für Wachstum und Vermehrung übrig. Die Produktion von Keimzellen zur geschlechtlichen Fortpflanzung zehrt Energie, ebenso wie Wachstum und vegetative Vermehrung, etwa durch Knospung. Die einzelnen Korallenarten rivalisieren in unterschiedlichem Maß. Manche Arten wachsen regelrecht aneinander hoch, ohne auch nur die geringsten Zeichen von Missfallen zu zeigen. Andere fahren ihre „Krallen" schon auf Abstand aus, sobald eine kritische Distanz unterschritten ist. Und einige sind so invasiv, dass sie ihre Nahkampfwaffen regelrecht vor sich her schieben, um das umgebende Areal von jedwedem Aufwuchs zu befreien. Aber all dies kostet Energie – Angriff und Verteidigung sind auch für eine Koralle nicht zum Nulltarif zu haben und gehen auf Kosten von Wachstum und Vermehrung. Und bei den indirekten biochemischen Rivalitäten der Korallen kommt für uns Aquarianer noch ein wesentlicher Umstand hinzu: Das im Vergleich zum Meer winzige Volumen unseres Aquariums konzentriert die Nesselgifte der Korallen erheblich und verstärkt ihren Effekt, und so müssen unsere Korallen im Aquarium oft einen unnatürlich großen Teil ihrer Energie auf indirekte Abwehrkämpfe verwenden.

Das Prinzip der Monokultur

Die aquaristische Monokultur dagegen bietet den entscheidenden Vorteil, dass die betreffende Koralle sich energetisch auf das Wesentliche konzentrieren kann: Wachstum und Vermehrung. Wer kennt nicht die Becken, die flächendeckend mit pumpenden Xenien überwuchert sind – in den 1980er- und 1990er-Jahren brachten sie die Augen der Aquarianer zum Leuchten, weil das darunter liegende Dekorationsgestein kaum noch zu sehen war, und heute bringen sie die

Zuchtanlage für Steinkorallen im Betrieb von Jürgen Wendel – geringe Artenzahl, nur wenig Energie muss in Verteidigung investiert werden.

Aquarianer zur Verzweiflung, weil die darunter befindlichen Acroporen kaum noch zu sehen sind. Und hier sind wir wieder bei dem angelangt, was wir als „Plage" bezeichnen: Einer Korallenart gelingt es besser als allen anderen, mit dem Konkurrenzdruck des Mischbesatzes zurechtzukommen, und sie kann ihre Biomasse im Vergleich zu ihnen erheblich vermehren. Damit wird ihr Anteil an der Gesamtbiomasse des Riffaquariums immer größer, und im gleichen Maß wächst auch ihr biochemischer Einfluss auf das Gesamtmilieu – vereinfacht gesagt, sie hat im Aquarium immer mehr zu sagen. Ihre biochemischen Absonderungen im Wasser nehmen ständig höhere Konzentrationen an, was die anderen Korallen dauernd mehr zurückdrängt, so dass deren Anteil an der Gesamtbiomasse des Riffbeckens kontinuierlich geringer wird. Unsere erfolgreiche Koralle muss also fortwährend weniger Energie in ihre Selbstverteidigung investieren und kann dadurch ihr Wachstum mehr und mehr steigern. Die anderen Korallen dagegen geraten zunehmend mehr unter Druck, denn sie müssen immer mehr Energie in die Selbstverteidigung stecken, und nach und nach bleibt eine

Auch in Korallenfarmprojekten wird die Monokultur eingesetzt, um maximalen Zuwachs an Korallenbiomasse zu erreichen.

Art nach der anderen auf der Strecke, weil die „Bilanz" einfach nicht mehr stimmt.

Korallen einem regen Abwehrkampf auszusetzen bedeutet also, dass sie Energie aus anderen Bereichen abziehen müssen, um sich biochemisch zu verteidigen. Das bremst ihre Vermehrung drastisch, und genau hier können wir Aquarianer aus der Not eine Tugend machen: Wenn sich eine Koralle stark vermehrt – man spricht dabei von Proliferation –, dann sollten wir ihren

Anteil an der Biomasse des Aquariums verkleinern, denn im gleichen Maß wird ihr biochemischer Einfluss auf das Gesamtmilieu sinken. Und je stärker sich dann die anderen Korallenarten biochemisch „zu Wort melden", umso mehr wird die proliferative Koralle ihre Energie in die Verteidigung investieren müssen, was auf Kosten ihrer Vermehrungsfähigkeit geht – sie wird langsamer wachsen. Und dadurch kommen wir unserem Ziel, sie auszubremsen, immer näher. Wir können also über eine größere Artenvielfalt der Korallen im Aquarium das „Turbo-Wachstum" einer einzelnen, ungeliebten Art verlangsamen, oder wir können durch eine geringere Artenvielfalt im Aquarium einzelne erwünschte Arten zum „Turbo-Wachstum" bringen. Letzteres gilt für das „Acropora-Aquarium" ebenso wie für die gezielte Vermehrung von Korallen, etwa eine kommerzielle Korallenzucht.

Die Sache mit den ökologischen Nischen

Das Freiwerden einer ökologischen Nische verleitet alle Organismen zu einem heftigen Konkurrenzkampf, um sie zu besetzen. Zunächst: Was ist eine ökologische Nische? Das ist ein abstrakter Begriff, der nicht räumlich gemeint ist. Man versteht darunter die Gesamtheit der belebten und unbelebten Umgebungsfaktoren, die einer Tier- oder Pflanzenart die Existenz ermöglichen, also z. B. Licht, Wasserströmung und Nahrung, aber auch das weitgehende Fehlen von Räubern und Konkurrenten um Raum und Nahrung. Ein Beispiel: Verschwindet eine bestimmte Tierart in einem Korallenriff plötzlich vollständig, etwa durch eine gezielte Überfischung, dann beeinflusst dies zahlreiche andere Organismen in ihrer Existenz, wirkt sich also auf deren ökologische Nische aus. Sagen wir, es handelt sich dabei um einen Räuber, etwa den Juwelenzackenbarsch (Cephalopolis miniata), der gefangen wurde, weil er besonders gut schmeckt (was ich aus eigener Erfahrung nachdrücklich bestätige). Er ist nun also aus unserem hypothetischen Riff völlig verschwunden. In der Folge steht anderen Jägern, die von ähnlichen Beutetieren leben, mehr Nahrung zur Verfügung, so dass ihre Population zunehmen kann – ihre ökologische Nische vergrößert sich. Sind diese anderen Beutegreifer jedoch nicht vorhanden, dann vergrößert sich die ökologische Nische der Kleinfische, die sich bei abnehmendem Feinddruck stärker vermehren. Das wiederum wirkt sich auf die Nahrungsressourcen aus, denn mehr Kleinfische fressen auch mehr Nahrung, die dann möglicherweise anderen Arten fehlt, so dass diese nun unter Druck geraten und sich deren ökologische Nische verkleinert. Zwar ist all dies stark vereinfacht dargestellt, aber es kann vielleicht verdeutlichen, dass alles mit allem in Verbindung steht, direkt oder indirekt.

Hierzu auch ein aquaristisches Beispiel: Stellen wir uns ein frisch eingerichtetes Meerwasserbecken vor. Wir haben eine hochwertige Meersalzmischung verwendet, die reich an allen Mineralien und Spurenelementen ist, die man auch im natürlichen Meerwasser findet. Weiterhin haben wir eine hervorragende Aquarienleuchte installiert, und auch die Strömungsbedingungen sind ideal. Doch noch kein lebender Organismus befindet sich im Aquarium. Theoretisch böte das Becken nun ungezählten Lebewesen ökologische Nischen, aber niemand konkurriert darum. Nun setzen wir hochwertiges Lebendgestein in das Becken und bringen dadurch eine enorme Vielfalt an Organismen in das Aquarium. Manche dieser Lebensformen – z. B. Bryozoen oder Schwämme – finden in diesem frischen Becken noch nicht das, was sie benötigen und degenerieren, gehen zugrunde – für sie gab es keine ökologische Nische. Für andere dagegen sind die Bedingungen ideal, etwa für viele Algenarten, und diese konkurrieren nun auch heftig um die Ressourcen – man bezeichnet sie als Pionierarten. Eine Gruppe von ihnen – die Kieselalgen – ist aber schneller als alle anderen und überzieht jede lichtzugewandte Oberfläche mit einem schmierigen, braunen Polster. Durch ihre enorm starke Fotosynthese entziehen diese Algen dem Wasser sehr viel CO_2, steigern dadurch den pH-Wert. Gleichzeitig reichern sie das Wasser mit ihrem fotosynthetisch erzeugten Sauer-

Jedes Tier benötigt für seine Existenz eine Nische im Ökosystem, eine „ökologische Nische“, und jede vorhandene wird von irgendwelchen Arten genutzt, wie hier von unterschiedlichsten Seescheiden und Nesselfarnen in Raja Ampat, Indonesien, die anschaulich demonstrieren, dass im Riff jeder Quadratmillimeter Siedlungssubstrat heiß umkämpft ist.

stoff so heftig an, dass dieser kaum noch in Lösung gehen kann; er bleibt in Form von Gasbläschen an den Algen haften. Und sie tun das, was ich zuvor bei den Korallen beschrieben habe: Sie geben biochemische Substanzen an das Wasser ab, die andere Algen zurückdrängen und hemmen. Diesen anderen Algen fehlt für ihre ökologische Nische nun auch noch das lebensnotwendige CO_2, und sie kümmern. Korallen hingegen machen der hohe pH-Wert und die Sauerstoffübersättigung zu schaffen – auch für sie existiert noch keine ökologische Nische.

Allerdings benötigen die Kieselalgen erheblich mehr Kieselsäure als alle anderen Algen, und da sie mehr davon verbrauchen als über Nachfüllwasser und Teilwasserwechsel ins Aquarium gelangt, verändern sie durch ihre Vermehrung ihre Umgebung. Sie erzeugen einen relativen Kieselsäuremangel, an dem sie schließlich selbst zugrunde gehen – die braunen Beläge verschwinden wieder. Das ist die Stunde der anderen Pionierarten unter den Algen, die nun wieder heftig um die frei gewordene ökologische Ni-

Die Braunalge *Hincksia* und braune Kieselalgen überwachsen im Aquarium eine *Chaetomorpha*-Drahtalge – sobald sich ihnen eine ökologische Nische bietet, beginnen sie zu wuchern.

sche rivalisieren, und wenigstens einer von ihnen wird es gelingen, sie zu besetzen und sich zu etablieren. Mit dem Rückgang der Kieselalgen verschwindet auch die starke CO_2-Aufnahme, so dass der überhöhte pH-Wert wieder sinkt. Auch die starke Übersättigung des Wassers mit Sauerstoff ist Vergangenheit; die vielen Gasbläschen

6.000 Liter Meerwasser – der Stoff, aus dem nicht nur Träume sind...

verschwinden, und so tut sich eine ökologische Nische für Korallen auf.

Was wir erlebt haben, war ein Wettrennen aller Organismen bis an die Grenzen ihrer ökologischen Nische. Der hohe Mineraliengehalt des frisch angemischten Meerwassers ist aber kein Dauerzustand; er sinkt langsam ab, und so verkleinert sich für viele Algen auch die ökologische Nische. Ihr Bestand wird zwar meist nicht ganz zugrunde gehen, sondern nur in Form einer Minimalpopulation erhalten bleiben, die den minimalen Spuren derjenigen Elemente entspricht, die sie benötigen. Sie sind in Lauerstellung, gewissermaßen „Schläfer", die bei bestimmten Veränderungen der Bedingungen sehr schnell wieder schlagkräftig werden und sich rasant vermehren können. Führen wir beispielsweise einen zu umfangreichen Teilwasserwechsel durch, z. B. mehr als 10–20 % des Beckenvolumens,

dann versorgen wir sie wieder üppig mit allen mineralischen Stoffen, die sie benötigen, und dann erzeugen Kieselalgen schnell wieder braune Beläge. Jede Veränderung, die wir am Aquarium durchführen, wirkt sich auf ungezählte ökologische Nischen aus, begünstigt bestimmte Organismen, drängt andere zurück. Wir wirken auf ein ungeheuer komplexes Netzwerk gegenseitiger Abhängigkeiten ein, meist ohne uns dessen bewusst zu sein.

Wer zu spät kommt, den bestraft das Leben

Manchmal lässt sich sogar miterleben, wie bestimmte Organismen im Korallenriffaquarium das Freiwerden einer ökologischen Nische sehr rasch nutzen, um ihr Vermehrungspotenzial zu steigern. Ich denke dabei an mein größtes Aquarium, ein 6.000-l-Riffbecken, das ich 18 Jahre lang pflegte. Einige Jahre nach der Neueinrichtung hatten sich im gesamten Becken nach den Weichkorallen auch Steinkorallen fest etabliert und starkes Wachstum entwickelt. Daneben befanden sich im Becken auch einzelne Glasrosen, „Manjano"-Anemonen, kleine *Thalassianthus*-Anemonen, Krustenanemonen und Scheibenanemonen, die sich aber allesamt „normal" verhielten und keinerlei invasive Tendenzen zeigten. Auch ein kleines Stück eines symbiotischen Schwammes, das ich von einem Freund ergattert hatte, wuchs ganz unauffällig auf dem Dekorationsgestein. In jeder dieser Tiergruppen schlummerte ein ungeheuer starkes Potenzial, eine dramatische Vermehrung zu entwickeln, um eine frei gewordene ökologische Nische rasend schnell zu besetzen, bevor es ein anderer tut. Und genau das sollte ich in den folgenden Jahren nun anschaulich demonstriert bekommen.

Glasrosen – Prototyp des „Trojaners"

Glasrosen

Die erste Lektion kam von den Glasrosen. Sie hatten jahrelang mit regelrechter Unschuldsmiene an derselben Stelle gesessen und sich niemals erkennbar vermehrt. Irgendeine Veränderung im System hatte dann aber wohl etwas in ihnen in Bewegung gebracht, denn plötzlich schossen sie wie Pilze aus dem Boden. Dagegen setzte ich den Falterfisch *Chelmon rostratus* ein, der sich aber leider mehr für die vielen Riesen-

muscheln *Tridacna crocea* interessierte als für die Glasrosen, so dass ich ihn wieder herausnehmen musste. In der Folgezeit entwickelte sich eine dramatische Vermehrung der Glasrosen, die ich mit unterschiedlichsten Mitteln bekämpfte, z. B. Injektionen von Kalziumhydroxid oder heißem Wasser, dem Einstechen eines Kupferdrahtes oder dem „Einmauern" mit frisch angemischtem Zement (Unterwasser-Epoxidharz war damals aquaristisch noch nicht verbreitet). Aber erst das massive mechanische und chemische Bekämpfen der Glasrosen gemeinsam mit dem vorübergehenden „Ausbürgern" der Riesenmuscheln und dem Wiedereinsetzen des *Chelmon rostratus* konnten das Problem lösen.

Fotosynthetischer Schwamm

Operation gelungen, Patient genesen? Weit gefehlt! Kurze Zeit nach dem Verschwinden der Glasrosen wurde mir bewusst, dass sich bei dem Schwamm *Collospongia auris* etwas verändert hatte: Sein Wachstumstempo war absolut rasant geworden. Ein großer Steinaufbau, der unter einem 1000-W-HQI-Strahler stand, war nahezu vollständig von ihm beherrscht, während Wochen zuvor dort nur kleine Schwammkrusten gewesen waren. Ich beschloss, verstanden zu haben, dass ich eine Schwamm-Plage hatte – auch wenn das eine unbequeme Einsicht war. Was folgte, waren umfassende Versuche, den Schwamm mechanisch zu beseitigen, bevor er sich im Aquarium ausbreitete und an zahlreichen anderen Stellen auftauchte. Mit dem Ergebnis, dass er bald an zahlreichen anderen Stellen auftauchte. Vom Steinaufbau konnte ich ihn abreißen und so einen Großteil seiner Biomasse entfernen, doch überall blieben winzige Reste zurück, die schnell wieder zur ursprünglichen Größe heranwuchsen. Doch nun gab es kaum noch Stellen im Aquarium, an denen nicht irgendwelche kleinen, schmutzig grauen Krusten zu sehen waren und sich über das Gestein schoben. Rund ein Jahr lang kämpfte ich gegen diesen Schwamm, mit allen Mitteln, und unter großen Mühen gelang es mir, ihn in dem 6.000-l-Be-

Collospongia auris, der Schwamm mit dem „langen Atem", wurde aus einem großen Riffbecken entfernt.

Thalassianthus aster wächst in eine Kolonie *Acropora*-Steinkorallen hinein.

Aktinien

cken zu besiegen. (Erst Jahre später fand ich heraus, dass viele fotosynthetische Schwämme auf einen hohen Phosphatgehalt des Aquarienwassers mit verstärktem Wuchs reagieren und allein das Absenken der Phosphatkonzentration mit Hilfe eines Phosphatbinders sie limitieren kann. Doch damals hatte ich weder diese Erkenntnis noch Phosphatbinder.)

Der nächste Kandidat auf der Liste war eine an sich sehr hübsche, kleine Seeanemone, die jedoch eine geradezu rekordverdächtige Nesselfähigkeit besaß. Nur ein einzelnes Exemplar hatte sich seit langem im Aquarium befunden, mit kaum 4 cm Mundscheibendurchmesser, und weil über Jahre hinweg kein zweites aufgetaucht war, hatte ich keinen Grund gesehen, es zu bekämpfen. Heute weiß ich, dass dieses eine Exemplar nur mit großer Geduld auf seine Stunde gewartet hatte, denn nachdem der Ohrenschwamm besiegt war, tauchten plötzlich kleine *Thalassianthus*-Exemplare an unterschiedlichsten Stellen des Aquariums auf. Mitten in *Acropora*-Stöcken siedelte sich zunächst ein Exemplar an, und wenige Wochen später befand sich darin mitunter ein Dutzend und brannte Löcher in die vitale Polypenmasse der Steinkorallen, befreite das Skelett von lebenden Polypen, um sich von dort aus weiter zu vermehren. Ich griff zu Kunststoffspritze und Injektionskanüle, um in jeder der kleinen Seeanemonen weiße Kalziumhydroxid-Milch zu deponieren – das sichere Aus für diese Aktinien. Aber das Behandeln des gesamten 6.000-l-Beckens einschließlich des Auslöschens nachwachsender Exemplare nahm letztlich Monate in Anspruch.

Myrionema amboinensis nutzt die frei gewordene ökologische Nische und vermehrt sich.

Hydroiden

Schon einige Zeit zuvor war mir aufgefallen, dass an einer Stelle nahe einer adulten Riesenmuschel *Tridacna squamosa* ein Büschel kleiner, goldgelbbrauner „Pinselchen" wuchs – hübsch anzusehen und völlig harmlos wirkend. Niemand ahnte damals, welch enormes Potenzial in dieser Kreatur steckt. Heute weiß ich, dass es sich um *Myrionema amboinensis* handelte, und auch, dass diese sich vor allem bei einem hohen Jodgehalt des Wassers stark vermehren, aber damals ließ ich die hübschen Pinselchen gewähren, denn sie waren eine willkommene Bereicherung der Artenvielfalt, und eine Tendenz zur übermäßigen Vermehrung war nicht erkennbar – wie schön, wenn man sich eine gesunde Portion Naivität bewahrt hat. Rund ein Jahr lang war das bereits gut gegangen, und inzwischen war ich der festen Überzeugung, dass von diesen Aquarienbewohnern keine ernste Gefahr ausgehe. Doch nachdem der Schwamm *Collospongia auris* weitestgehend aus dem Aquarium entfernt war, begannen diese Pinselchen, wie Pilze aus dem Boden zu schießen, im gesamten Aquarium. Niemand wollte sie fressen, und wenn ich sie an einer Stelle abbürstete, riskierte ich, dass sie sich an drei Stellen neu ansiedelten. Jetzt war guter Rat teuer, und ich focht viele Monate lang einen schweren Kampf. Irgendwann verstand ich dann – hauptsächlich durch die Beobachtung, dass die Farbe der Tentakel nach einem Teilwasserwechsel ein kräftigeres Goldbraun zeigte –, dass ihre Vermehrung mit der Jodkonzentration des Aquarienwassers korrelierte, und versuchte, ihre Expansion über einen Jodmangel zu bremsen. Dies, gepaart mit mechanischen Bekämpfungsversuchen, konnte die Massenvermehrung schließlich beenden.

Krustenanemonen

Wenige Wochen später meldete sich die nächste Episode an: Eine ungewöhnliche, *Protopalythoa*-ähnliche Krustenanemone, die seit einiger Zeit im Becken lebte (und deren flotte Vermehrung ich zunächst begrüßt hatte, denn ein 6.000-l-Becken benötigt eine riesige Menge an Wirbellosen, um nicht leer zu wirken), begann nun allmählich, mir ein „unangenehmes Bauchgefühl" zu bereiten. Inzwischen überzogen die Polypen nicht nur einen einzigen Stein, sondern auch Nachbarsteine, und nun war kaum noch zu übersehen, dass ich ein neues Problem hatte. Als ich genauer hinschaute, bemerkte ich, dass sie sich bereits im gesamten Becken ausgebreitet hatten und schon dabei waren, in Steinkorallenstöcke hineinzuwachsen. Doch diesmal war es komplizierter als bei Glasrosen oder Schwämmen, denn das zähflüssige Sekret der Polypen enthielt den zellauflösenden (zytolytischen) Stoff Palytoxin, der für den Menschen hochgiftig ist; winzigste Mengen des Sekretes, die unter die Haut gelangen, lösen dort eine massive Entzündung aus.

Diese gefährlichen Polypen aus dem Aquarium herauszubekommen, war bei der vorliegenden Beckengröße ausgesprochen schwierig. Besonders dicht mit Krustenanemonen bewachsene Steine wurden ganz aus dem Aquarium entfernt, und die meisten Steinkorallen mussten aus dem Aquarium herausgenommen und manuell mit einer Pinzette von den Krustenanemonen befreit werden. Ich erinnere mich noch gut an einen 20-l-Eimer, der vollständig mit reiner Polypenmasse dieser Krustenanemonen gefüllt war. Um den Vorgang zu vereinfachen, konstruierte ich verschiedene Vorrichtungen zum Abschneiden oder Abschaben der Polypen, die direkt an einem Absaugschlauch befestigt waren. Anschließend wurden Polypenreste mit einer harten Zahnbürste abgeschrubbt. Frei werdende Sekrete wurden dabei abgesaugt, doch Restmengen im Freiwasser konnten bestimmte Korallen aus mehreren Gattungen schwer schädigen, z. B. vier *Pavona*-Arten oder *Hydnophora*-Stöcke, die praktisch über Nacht komplett abstarben. *Acro-*

Plötzlich begann eine Krustenanemonen-Art, ihre Polypen aufzublähen und rasant durch Längsteilung zu vermehren, um die wiederum frei gewordene ökologische Nische zu besetzen. In aufwändiger Detailarbeit musste das Aquarium behandelt werden.

pora-Arten blieben jedoch erstaunlicherweise unbehelligt. Um das spätere Heranwachsen der Polypen aus kleinen Resten zu verhindern, wurden die abgebürsteten Areale mit einer Kalziumhydroxid-Paste bedeckt (Kalziumhydroxid mit

Nach dem Eliminieren der Krustenanemonen waren die kleinen „Anemonia" cf. manjano an der Reihe. Diese *Lobophytum*-Lederkoralle wurde innerhalb weniger Wochen regelrecht „überrannt".

Wasser zu einem dicken Brei vermischen und im Mikrowellenherd kurz erhitzen, bis es eine pastöse Konsistenz bekommt – mehr dazu im dritten Teil des Buches).

Schon wieder Aktinien

Unmittelbar nachdem die Krustenanemonenplage besiegt war – tatsächlich wenige Tage nach dem Entfernen riesiger Polypenmassen aus dem System –, begannen die wenigen vorhandenen Seeanemonen „Anemonia" cf. *manjano* ihre Vermehrungsrate enorm zu steigern. Es schien mir, als wollten sie tatsächlich gezielt die ökologische Nische besetzen, die nach dem Entfernen der gewaltigen Krustenanemonen-Biomasse frei geworden war, weil deren Sekrete sich nicht mehr im Wasser anreicherten. Innerhalb weniger Wochen bildete sich eine beeindruckende Anemonenpopulation, die große Flächen des Bodengrundes und des Gesteins überwucherte. Einzelne im Aquarium verbliebene Krustenanemonen zeigten nun interessanterweise keinerlei Vermehrungstendenzen mehr. Mehrfach saugte ich die obere Bodengrundschicht vollständig ab – und mit ihnen die Anemonen –, doch innerhalb weniger Wochen befand sich dort wieder eine flächendeckende Anemonenschicht. Sie wurden systematisch mit Kalziumhydroxid bekämpft, indem das Pulver mit Wasser zu einem Brei vermischt auf den Polypen deponiert wurde (Injektionsspritze ohne Kanüle), flächendeckend, bei abgeschalteter Wasserströmung. In zahlreichen Einzelsitzungen im Verlauf mehrerer Monate gelang es, nahezu alle Exemplare im Becken zu eliminieren.

Nachdem die kleinen „*Anemonia*" cf. *manjano* reduziert worden waren, pumpten sich Scheibenanemonen der Gattung *Discosoma* erkennbar auf, erreichten Mundscheibendurchmesser von bis zu 13 cm und wuchsen in *Acropora*-Stöcke hinein.

Nachdem die kleinen „*Anemonia*" cf. *manjano* auf ganz wenige Exemplare reduziert worden waren, pumpten sich Scheibenanemonen *Discosoma* sp., die zuvor nie besonders in Erscheinung getreten waren, erkennbar auf und erreichten Mundscheibendurchmesser von bis zu 15 cm. Sie wuchsen in *Acropora*-Stöcke hinein und entwickelten eine geradezu märchenhafte Populationszunahme. Weil ich das Vermehrungspotenzial dieser Polypen anfangs unterschätzte, kam meine Gegenreaktion – die Bekämpfung mit Kalziumhydroxid, das in die Polypen injiziert wurde – zu langsam, so dass große *Acropora*-Bestände von ihnen praktisch vernichtet wurden.

Diese Fortsetzungsgeschichte zog sich über viele Jahre und sorgte dafür, dass praktisch zu jedem Zeitpunkt eine Art im Becken ihre Vermehrungsdynamik bis an die Grenzen ihrer ökologischen Nische steigerte. Bei der kleinen Seeanemone „*Anemonia*" cf. *manjano* hatte ich sogar noch nachgeholfen, indem ich ein großes Exemplar einer *Entacmaea quadricolor* in das Becken gesetzt hatte; synchron zur dramatischen Vermehrung der Manjano-Anemonen teilte sich auch die *E. quadricolor* mehrfach, so dass bald zahlreiche Exemplare im Becken waren. Erst als ich diesen Zusammenhang verstanden und alle *E. quadricolor* in ein separates Aquarium überführt hatte, verlangsamte sich die Vermehrung der Manjano-Anemonen so weit, dass ich sie mit Kalziumhydroxid vollständig eliminieren konnte.

Halten wir fest: Sobald eine ökologische Nische frei wird, versuchen all jene Organismen, für die sie interessant sein könnte, sie schnellstmöglich in Besitz zu nehmen. Das ist verständlich, weil viele Kreaturen den enormen Fraßdruck im Korallenriff nur überstehen können, indem sie im Bedarfsfall eine rasante Vermehrung entwickeln. Die rasche Vermehrung ist ihre einzige Waffe gegen unzählige hungrige Mäuler, und nur die

Wir betreiben Korallenriffaquaristik, indem wir vermeiden, Tiere in das Aquarium zu setzen, die auf die von uns gepflegten Nesseltiere Fraßdruck ausüben. Da viele der Nesseltiere jedoch gegen den natürlichen Fraßdruck Überlebensstrategien mit massenhafter Vermehrung entwickelt haben, müssen wir als Aquarianer selektiv diesen fehlenden Fraßdruck durch „gärtnerische Maßnahmen" ersetzen, um die Artenbalance aufrecht zu erhalten. Und mit der Beckengröße – hier das Aquarium von Pieter van Suijlekom – wächst auch der Aufwand, der dazu nötig ist.

Schnellsten unter ihnen haben es geschafft, zu überleben – eine Art Auswahlzucht, denn all jene, die sich langsamer vermehrten, wurden vollständig gefressen. Sie besitzen also ein enormes Vermehrungspotenzial, das als Gegengewicht aber auch einen entsprechenden Fraßdruck erfordert. Dieser Fraßdruck ist für eine sich schnell vermehrende Art lebenserhaltend. Fehlt er plötzlich, dann wird die ungebremste Vermehrung sehr schnell dazu führen, dass sich die Umgebungsbedingungen verändern (wie bei den Kieselalgen), und dadurch kann das Milieu für diese Organismen sogar lebensfeindlich werden, so dass sie in letzter Konsequenz an ihrer eigenen Vermehrung zugrunde gehen. Das geschieht ganz besonders leicht in einem begrenzten Wasservolumen, etwa im Aquarium, aber auch in der Natur ist dies zu beobachten. Damit wäre ihre Vermehrungsfreude, die einst eine Anpassung an den Fraßdruck war, bei dessen Ausbleiben eine Fehlanpassung, die sie selbst vernichtet. Aber im Aquarium erzeugt sie zunächst einmal das, was wir als „Plage" bezeichnen.

Organismen verändern ihre Umwelt

Dieses Phänomen, dass ein Organismus durch seine extrem starke Vermehrung seine Umgebung verändert, so dass sie für ihn schließlich lebensfeindlich wird, ist durchaus nicht neu, sondern fast so alt wie die Erde selbst. Und genau genommen verdanken wir diesem Umstand sogar unsere Existenz. Um das zu verstehen, müssen wir allerdings in der Geschichte unseres Planeten eine ganze Weile zurückkreisen, um genau zu sein, drei Milliarden Jahre. Rund 500 Millionen Jahre lang hatte es damals schon Leben auf der Erde gegeben, und zu jenem Zeitpunkt entstand ein hochkomplexer biochemischer Prozess, den wir heute als Fotosynthese bezeichnen. Das allgegenwärtige Kohlendioxid (CO_2) wurde dabei aufgenommen und verbraucht, und es kam zur Freisetzung von Sauerstoff. Das wirkte sich dramatisch auf die Lebensbedingungen und das Klima aus, denn mit abnehmendem CO_2-Gehalt sank die Temperatur beträchtlich, und die Verfügbarkeit von Sauerstoff ermöglichte erst das

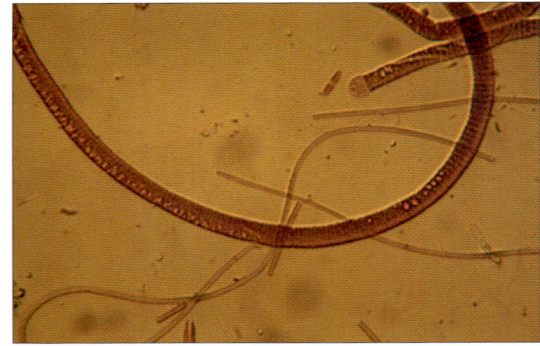

Oscillatoria, die „Rote Schmieralge", im Aquarium und unter dem Mikroskop

Leben in der Form, wie wir es kennen. Die Organismen, die unseren Planeten also „bewohnbar" machten, hatten sich damals über die gesamten Weltmeere ausgebreitet und sie beherrscht. Schließlich aber waren die Veränderungen dieses Planeten so umfassend, dass das gesamte Milieu für sie lebensfeindlich wurde und sie auf Minimalbestände zurückgingen. Noch heute existieren sie, und jeder Meeresaquarianer kennt diese Organismen. In den meisten Riffaquarien sind Spuren von ihnen zu finden, und für die Aquarianer sind sie zum Feindbild avanciert: Es sind die Cyanophyceen, aquaristisch als „Rote Schmieralgen" bezeichnet!

Seit drei Milliarden Jahren existieren sie auf diesem Planeten, und in dieser unendlich langen Zeit haben sie alle Widrigkeiten überstanden und jeder unwirtlichen Umgebung getrotzt. Das

Überlebenskünstler unter dem Rasterelektronenmikroskop: *Oscillatoria*, die „Rote Schmieralge"   Foto: K. Linne von Berg

hat dazu geführt, dass sie ungeheuer viele biochemische Tricks erlernten, denn nur diejenigen, die sich an ihre Umgebungsbedingungen anpassen und mit Tricks auf jede Herausforderung reagieren konnten, waren dazu in der Lage, zu überleben. All diese Tricks sind auch heute noch in ihrem Genom verankert – alles, was sie in den letzten drei Milliarden Jahren gelernt haben. Und die schlechte Nachricht ist, dass sie diese gewaltige biochemische Trickkiste nun gegen uns Korallenriffaquarianer einsetzen – hemmungslos! Cyanophyceen wachsen in praktisch jedem Milieu, ob das Wasser nun nährstoffreich oder -arm ist. Ein Mangel an Nitrat kann sie nicht aus der Ruhe bringen, denn sie haben gelernt, Stickstoff zu fixieren und versorgen sich dadurch selbst (SOROKIN 1995). Sogar ein Mangel an Phosphat lässt sie kalt, denn nach neuesten Erkenntnissen sind sie dazu in der Lage, ihren Phosphatbedarf dramatisch zu reduzieren: Wird Phosphat knapp, dann ersetzen sie diese Substanz in vielen biochemischen Reaktionen kurzerhand durch Schwefel- und Stickstoffverbindungen, damit das wenige vorhandene Phosphat für diejenigen Prozesse eingesetzt werden kann, in denen es tatsächlich unersetzlich ist, etwa in der Vermehrung (VAN MOOY et al. 2009). Die Liste der biochemischen Tricks, die unsere „Schmieralgen" entwickelt haben, ist nahezu unendlich, und es kann kaum verwundern, dass sie zahllose Meeresaquarianer in schiere Verzweiflung trieben und bis zur Aufgabe des Hobbys brachten.

Über Stärken und Schwachstellen

Das Beispiel der Cyanophyceen zeigt sehr eindrucksvoll, dass man die gesamte Entwicklungsgeschichte einer Spezies betrachten muss, dass man sie verstehen muss, um ihre Schwächen auszuloten. Und um die Balance der Arten im Korallenriffaquarium zu steuern, müssen wir stets versuchen, die Organismen – die Schauspieler auf unserer aquaristischen Bühne – zu begreifen, denn erst dies öffnet unseren Blick für ihre Stärken und Schwächen und offenbart uns bisweilen Möglichkeiten, sie zu überlisten, sie zu schlagen. Das möchte ich ebenfalls an einem Beispiel verdeutlichen, das in diesem Fall jedoch nicht aus der Aquaristik stammt, sondern schlicht aus meinem Büro. Es mag banal klingen, aber ich glaube, es kann helfen, zu verdeutlichen, was ich meine, denn es ist ebenfalls eine Auseinandersetzung zwischen Mensch und Tier. Meine Büroräume, in denen ich auch gerade dieses Manuskript verfasse, liegen im Untergeschoss meines Hauses. Stubenfliegen, die sich irgendwo im Haus befinden, werden früher oder später von Lichtreflexionen meiner großen Computermonitore nach unten in das Büro gelockt. Das bedeutet, dass ich oft mehrmals täglich ungebetene Gäste bekomme, die mit ihrem Fluglärm meine Konzentration beim Schreiben empfindlich stören. Anfangs hat das zu viel Aufregung geführt, zu wilden Jagden, bei denen die Stubenfliegen mir weit überlegen waren. Die Reaktionsschnelligkeit einer Fliege ist enorm, weil der Weg zwischen ihrem Nervensystem und den ausführenden Organen extrem kurz ist; die Nervenimpulse, die zum Wegfliegen nötig sind, gelangen bei ihr in einem winzigen Bruchteil derjenigen Zeitspanne zum Ziel, die ich benötige, um den Befehl zum Zuschlagen vom Gehirn zum Muskel zu schicken – die Nervenleitgeschwindigkeit ist im Prinzip die gleiche, aber der Weg ist länger. Zudem muss ich viel mehr Körpermasse bewegen. Nicht viel anders ist es mit den Augen: Meine Linsenaugen mögen in mancher Situation Vorteile haben, aber mit dem fast 360 Grad abdeckenden Blickfeld ihrer Facettenau-

Facettenauge einer Fliege: 300 Bilder pro Sekunde – und doch hat es seine Schwachstellen …

gen ist die Fliege mir einfach überlegen, sieht mich kommen, gleich aus welcher Richtung. Es ist ein ungleiches Spiel, bald fühle ich mich lahm und blind.

Zeit zum Nachdenken. Ich besann mich auf das, was mir ein chinesischer Freund einmal gesagt hat: Du musst stets versuchen, den Vorteil deines Feindes in seinen Nachteil zu verwandeln. Die Stubenfliege ist mir gegenüber im Vorteil. Sie kann fliegen, mich früh sehen und schneller reagieren. Zudem kann sie meine Bewegungen viel präziser wahrnehmen als ich ihre, denn ihr Facettenauge löst 300 Bilder pro Sekunde auf, mein Linsenauge nur rund 60 – so viel zum Begriff „Krone der Schöpfung". Sie registriert Bewegungen also fünf Mal so exakt wie ich und schlägt beim Flug Haken wie ein Feldhase – wie um alles in der Welt soll ich ein solches Tier erwischen? Ganz einfach: Ich muss ihre Schwächen finden und mich auf meine Stärken besinnen. Sie ist schnell, ich bin langsam. Sie kann fliegen, ich nicht. Gut, aber: Zum Fliegen braucht man Licht. Meine Linsenaugen benötigen weit weniger Licht als ihre Facettenaugen. Ich kann sie im Dämmerlicht sehen, sie mich aber nicht. Heute schalte ich beim Eintreffen einer Fliege das Licht ab, so dass es im ganzen Kellergeschoss stockfinster ist, und erleuchte eine quadratmetergroße weiße Fläche mit dämmrigem Licht. Das lockt ausnahmslos jede Fliege innerhalb von wenigen Sekunden auf genau diese Fläche – in ihr Verderben; ich stehe nebenan im

Kampf gegen unerwünschte Aquariengäste: Stärken der Organismen erkennen und in Schwächen verwandeln (Aquarium W. Menzel)

Dämmerlicht, ohne dass sie mich erkennt. Auf diese List hat sie ihre Entwicklungsgeschichte nicht vorbereitet.

Wenn ich der Fliege das Licht nehme, dann mache ich ihre Stärke – das Fliegen – zur Schwäche, weil sie dafür viel Licht benötigt. Und auf ganz ähnliche Weise müssen wir im Korallenriffaquarium an den Kampf gegen die Organismen herangehen, die wir hemmen, besiegen oder beseitigen wollen; wir müssen ihre Stärken in Schwächen verwandeln. Die Evolution hat sie jahrtausendelang darauf dressiert, genau der Bedrohung zu widerstehen, der wir sie durch mechanisches Bekämpfen aussetzen wollen.

Ein Beispiel dafür sind die Cyanobakterien, die „Roten Schmieralgen". Sie können, wie ich oben ausgeführt habe, im Gegensatz zu „echten" Algen Luftstickstoff fixieren und zu Ammonium reduzieren, um damit ihren Stickstoffbedarf zu decken. Das gibt ihnen die Möglichkeit, kräftig

zu wachsen, wenn Phosphat vorhanden ist, aber Nitrat fehlt. Das ist ihre Stärke. Doch für diese Umwandlung von Luftstickstoff in Ammonium benötigen sie viel Eisen (BALLING 2009), und genau das scheint ihr Schwachpunkt zu sein. Verringern wir den Eisengehalt des Wassers, dann verlangsamt sich auch ihr Wachstum – wir machen aus ihrer Stärke ihre Schwäche.

Goldalgen beispielsweise, die Dinoflagellaten der Gattung *Gambierdiscus*, die im Aquarium alle Oberflächen innerhalb von Stunden mit dicken, bräunlichen Schichten überziehen können, haben mir genau diese Lektion schon vor einem Vierteljahrhundert erteilt. Ich war seit rund einem Jahr im Hobby Korallenriffaquaristik und pflegte damals rund 20 Meerwasserbecken. Die beiden größten davon waren von eben diesen Goldalgen befallen. Dicke, braune Beläge bildeten sich auf jeder Oberfläche, gleich ob Bodengrund, Glasscheibe, Weichkoralle oder Strö-

Nicht alle Korallen bekämpfen sich untereinander; unter bestimmten aquaristischen Voraussetzungen können viele Arten auch friedlich miteinander koexistieren (Ausschnitt Aquarium W. Menzel).

mungspumpe. Schaltete ich die Strömung ab, wurde diese Schicht noch wesentlich dicker. Doch im Gegensatz zu Kieselalgen konnte man die Schicht mit einer Handbewegung wegfächeln, wie Staub im Wind verschwanden die Dinoflagellaten, setzten sich aber sofort woanders ab. Und es wurden immer mehr, rasend schnell, Absaugen half bestenfalls für zwei Stunden, dann war alles wieder braun. Nie im Leben habe ich eine derart aberwitzige Vermehrungsrate erlebt wie bei diesen Goldalgen. Gegen die „Fraßverluste", die ich ihnen mit dem Absaugschlauch beibrachte, waren sie also bestens gewappnet, und auch der Versuch, sie mit kräftiger Strömung zu vertreiben, half ihnen nur bei der Verbreitung. Aus jeder meiner Stärken machten sie eine Schwäche. Wer einen so aussichtslosen Kampf kämpft, kann verzweifeln.

Doch ich besann mich und analysierte die Situation. Die Stärke dieser Alge war ihre rasante Vermehrung – da war sie also unschlagbar. Aber wer sich so dramatisch vermehrt, muss viel Körpersubstanz aufbauen. Er ist also extrem abhängig von den „Rohstofflieferungen" aus der Umgebung, und ein Mangel kann seine Physiologie leicht lahm legen, diesen Prozess stoppen. Ich musste also einen Mangel erzeugen, einen Mangel an irgendetwas, das diese Goldalgen brauchen wie andere die Luft zum Atmen. Zunächst benötigte ich einen Konkurrenten für die Goldalge. Ich entschied mich für die Alge *Chaetomorpha*, die für mich damals schon die weitaus bestgeeignetste Alge für ein Meerwasser-Filterbecken war – um Längen besser als jede *Caulerpa*-Kriechsprossalge. Unter der 3 m langen Aquarienanlage installierte ich ein ebenso langes, aber flaches und schmales Algenbecken und ließ das Aquarienwasser der Länge nach hindurchfließen. An einem Beckenende kam das Wasser also durch ein Fallrohr nach unten in das Algenbe-

Chaetomorpha linea, die Drahtalge mit dem ungeheuren Wachstumspotenzial, gehört in der Korallenriffaquaristik zu den am meisten unterschätzten Problemlösern.

cken, und am anderen Ende wurde es von einer Förderpumpe wieder nach oben transportiert. Mit kleinen *Chaetomorpha*-Büscheln bestückt, war dies nun eine Algenwuchskammer, die dem

Wer die Schwächen einer bestimmten Art ausloten will, um sie effektiv zu bekämpfen und die Artenbalance im Aquarium aufrecht zu erhalten, muss sie verstehen und ihre gesamte Entwicklungsgeschichte betrachten (Aquarium P. v. Suijlekom).

hindurchfließenden Wasser alles entzog, was Algen irgendwie verwerten konnten.

Die Nahrungskonkurrenz für die Goldalgen war also geschaffen. Nun musste ich noch dafür sorgen, dass die Bedingungen für die *Chaetomorpha* unten im Filterbecken besser waren als für die Dinoflagellaten oben in den Aquarien. Dazu besann ich mich auf die spezifischen Bedürfnisse der Goldalgen; wer eine so hübsche, goldgelbe Farbe erzeugt, braucht sicher jede Menge Eisen. Sollten die Goldalgen also einen höheren Eisenbedarf haben als die *Chaetomorpha*, dann wäre das der Punkt, an dem ich den Hebel ansetzen könnte. Ein Versuch mit einer Eisendüngung zeigte, dass ich richtig lag – „goldrichtig" sozusagen, denn ihre Vermehrung explodierte regelrecht nach der Eisengabe. In der Folge mied ich also jeden Eiseneintrag wie der Teufel das Weihwasser – Teilwasserwechsel und Spurenelementzufuhr wurden unterlassen und die Verdunstung sogar mit destilliertem Wasser ersetzt (Osmoseanlagen waren damals aquaristisch noch nicht verfügbar), um nicht mit dem Leitungswasser doch noch geringe Eisenspuren einzutragen. Und siehe da, es dauerte nur wenige Tage, bis der Rückzug der Goldalgen begann. Und das *Chaetomorpha*-Wachstum war bald so dramatisch, dass ich nach drei Monaten einen dichten, länglichen, balkenförmigen „Algenfilz" aus dem Filterbecken hob, denn diese drahtförmige Alge hatte das gesamte Becken mit ihren Polstern ausgefüllt. „Job well done"...

2. Teil – Die „Trojaner"

Im folgenden Teil werden diejenigen Wirbellosen, die im Aquarium unter bestimmten Umständen zu invasiver Vermehrung neigen oder unter Mitbewohnern Schaden anrichten können, einzeln vorgestellt, mitsamt den Faktoren, die sie fördern und den Möglichkeiten zur Kontrolle.

Der Vollständigkeit halber wird auch die Massenvermehrung von *Helicostoma*-Protozoen hier aufgeführt. Außerdem porträtiere ich einige harmlose Aquarienbewohner – Ziel ist hier schlicht, sie vorzustellen, damit sie nicht aus unbegründeter Furcht vor Massenvermehrung und Schadpotenzial aus dem Becken entfernt werden.

Ab einer gewissen Beckengröße sollten sich in Riffaquarien stets Lippfische befinden, um Probleme mit der Massenvermehrung bestimmter Organismen von vornherein zu vermeiden (Aquarium P. v. Suijlekom).

Protozoen

Gewebszerfall bei Steinkorallen – *Helicostoma*-Infektion (RTN)

Systematik

Die Massenvermehrung des Protozoons *Helicostoma nonatum* führt zum schnellen Zerfall des vitalen Polypengewebes, was vor allem bei kleinpolypigen Steinkorallen (SPS) rasch Aquarienbestände ruinieren kann, weil diese Korallen (z. B. *Acropora*-Arten) im Gegensatz zu großpolypigen Steinkorallen (z. B. *Trachyphyllia*) nur sehr wenig vitale Leibesmasse besitzen.

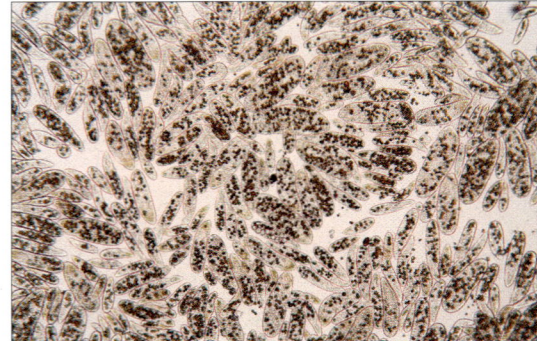

Helicostoma nonatum unter dem Mikroskop

Beschreibung

Das Kürzel RTN steht für „rapid tissue necrosis", einen meist plötzlich auftretenden und rasch fortschreitenden Gewebszerfall bei Steinkorallen, gelegentlich auch Weichkorallen. Die Bezeichnung „RTN" ist kein wissenschaftlicher Begriff, sondern nur eine Benennung, die von US-amerikanischen Riffaquarianern beim Erfahrungsaustausch im Internet geprägt wurde.

Vermehrungsfördernde Faktoren

Diese opportunistischen Krankheitserreger sind auch auf gesundem Korallengewebe vorhanden, ohne dass an der Koralle Krankheitszeichen zu sehen wären. Die Anfänge eines Gewebszerfalls entstehen dann meist langsam und unbeobachtet. Viele SPS-Korallen besitzen einzelne Zonen, in denen mehr dieser Protozoen nachzuweisen sind als auf gesundem Gewebe. Meist ist dies in abgeschatteten Bezirken am unteren Teil eines Korallenstocks oder an der Unterseite von Korallenästen der Fall, also bei Polypengruppen, die besonders wenig Licht erhalten, denn dadurch sind diese Polypen offenbar geschwächt. Sobald einige von ihnen zugrunde gehen, können sich die Protozoen massenhaft vermehren. Auch mangelnde Wasserströmung scheint nach bisherigen Beobachtungen Korallenpolypen so zu schwächen, dass sie für eine Protozoen-Massenvermehrung anfällig werden. Das natürliche Sonnenlicht erreicht die unteren Teile eines Ko-

Helicostoma-Infektion einer Steinkoralle – in diesem Stadium sind oft noch Fragmente zu retten.

rallenstocks im Riff besser als das unserer HQI-Lampen, weil die Sonne sich am Horizont bewegt und die Koralle im Laufe des Tages aus un-

Diese *Helicostoma*-Infektion kann so rasch fortschreiten, dass sie die gesamte Steinkoralle innerhalb weniger Stunden vernichtet.

Das lebende Gewebe dieser *Duncanopsammia* wurde durch die *Helicostoma*-Protozoen vollständig zerstört, und ein solches Skelett sollte sehr vorsichtig aus dem Becken genommen werden, damit nicht Teile der protozoenhaltigen Auflagerungen mit der Wasserströmung verdriften.

terschiedlichen Positionen beleuchtet. Darum entwickelt eine Koralle einer bestimmten Größe und Astdichte, die in der Natur noch prächtig wachsen würde, im Aquarium unter der unbewegten Lichtquelle möglicherweise bereits Abschattungen.

Nach dem bisherigen Verständnis der RTN können viele ungünstige Umgebungsfaktoren das Absterben von Polypengruppen auslösen, was dann zur Vermehrung der Protozoen führt. Bisweilen potenzieren sich diese Einflüsse gegenseitig. Jeder einzelne dieser Faktoren für sich würde das Korallengewebe möglicherweise noch nicht schädigen, doch dort, wo sich diese Stressfaktoren summieren, stirbt das Gewebe ab. Ist beispielsweise die Wassertemperatur im Sommer zu hoch, werden alle Korallen geschwächt, wenngleich auch vielleicht noch kein Korallenpolyp Schaden nimmt. Sind aber einzelne Kolonieteile bereits durch Abschattung oder durch Strömungsschatten geschwächt, kann dieser Temperaturstress zum Absterben des Gewebes führen. Ohne die erhöhte Wassertemperatur haben die Polypengruppen die Abschattung noch vertragen, aber das Zusammentreffen der Stressfaktoren führt zum Untergang des Korallengewebes geführt.

Neben den drei bereits genannten Faktoren (zu schwache Beleuchtung, nicht ausreichende Wasserströmung und zu hohe Wassertemperatur) sind auch Nesselgifte anderer Blumentiere,

mechanische Gewebeschädigungen (z. B. unvorsichtiges Hantieren, Fraßschäden durch Fische) und möglicherweise ebenfalls Wasserwerte zu nennen, die nicht im Normalbereich liegen, z. B. ein zu hoher oder niedriger pH-Wert.

Vorbeugung, Kontrolle, Bekämpfung

Wenn eine Steinkoralle massiv von *Helicostoma*-Protozoen befallen ist, dann ist die Behandlung mit einem Antibiotikum sicher eine sinnvolle Maßnahme. Doch man sollte immer bedenken, dass diese Medikamentengabe (die natürlich nur vom Tierarzt verordnet werden darf) nur Symptome kuriert und nicht die Ursachen beseitigt. *Helicostoma nonatum* ist auf nahezu jeder Koralle präsent. Erst wenn die Koralle durch irgendwelche Umstände geschwächt wird, können sich, wie bereits erwähnt, die Protozoen vermehren und das Gewebe massenhaft befallen. Gründliche Ursachensuche und Optimierung der Lebensbedingungen gehören darum zu den wichtigsten Gegenmaßnahmen bei der Bekämpfung der RTN. Oft lässt sich allein dadurch das Problem schon beheben. Wenn nicht, dann stehen dem Aquarianer auch ohne Antibiotikum Behandlungsmöglichkeiten zur Verfügung. Nicht immer sollte gleich beim Beobachten erster Gewebeschädigungen gleich zum Chloramphenicol gegriffen werden.

Steinkorallen mit *Helicostoma*-Befall sollten möglichst rasch und vorsichtig aus dem Becken entfernt werden, damit sich die Protozoen nicht auf andere Korallen ausbreiten – hier sind zwei unterschiedliche Verfallsstadien einer kleinen *Fungia* zu sehen, zwischen denen fünf Tage Abstand liegen.

Vorbeugende Maßnahmen gegen RTN

1. Sorgen Sie für gute Wasserströmung und Beleuchtung.
2. Halten Sie die Stöcke kleinpolypiger Steinkorallen relativ kurz, damit das Wachstum der Korallen nicht zu starken Licht- und Strömungsabschattungen einzelner Äste im unteren Bereich führen kann.
3. Wenn durch das Korallenwachstum Licht- und Strömungsschatten entstanden sind, sollten Sie einzelne Teile abbrechen oder Licht und Wasserströmung entsprechend verstärken.
4. Achten Sie bei Beleuchtungsveränderungen, z. B. beim Verkürzen der Beleuchtungsphase oder beim Versetzen der Lampe, darauf, dass keine Teile eines Korallenstocks einen Lichtmangel erleiden.
5. Halten Sie alle Wasserparameter im optimalen Bereich. Das gilt für die Temperatur, für den pH-Wert und alle übrigen Umgebungsfaktoren, die für das Wohlbefinden von Korallen wichtig sind.
6. Besetzen Sie Ihr Aquarium nicht zu einseitig mit Arten, die ähnliche Bedürfnisse haben und dadurch das Wasser einseitig belasten und auszehren. Diese Korallenarten werden meist auch durch die gleichen Schädlinge, Krankheiten und Mangelerscheinungen geplagt, und Störungen können sich darum rascher ausbreiten als bei einem vielseitigen Mischbesatz mit unterschiedlichsten Wirbellosen.

RTN-Behandlung von Steinkorallen ohne Antibiotika

1. Untersuchen Sie Ihre Korallen regelmäßig auf Bezirke mit ausgebleichten oder absterbenden Korallenpolypen, vor allem den unteren Teil der Stöcke.
2. Entdecken Sie solche Bezirke, dann sollten Sie sorgfältig nach der Ursache suchen. Antibiotikabehandlungen wären in diesem Stadium ebenso störend wie überflüssig. Optimieren Sie an den betreffenden Stellen die Strömungs- und Beleuchtungsbedingungen.
3. Stellen Sie sicher, dass die betreffenden Gewebsbezirke nicht in Kontakt mit anderen Blumentieren kommen und durch deren Nesselgifte geschädigt werden. Auch Nesselgifte von weit entfernten Korallen können schädigen, wenn sie mit der Wasserströmung kontinuierlich herangespült werden.
4. Halten Sie die Wassertemperatur im günstigen Bereich (24–26 °C). Steigende Temperaturen bedeuten zusätzlichen Stress für Polypen, die bereits durch andere Einflüsse vorgeschädigt sind.
5. Sind einzelne Äste der Koralle befallen, sollten Sie diese im gesunden Gewebe abbrechen, um eine weitere Ausbreitung zu stoppen.
6. Wenn Sie die Koralle nicht fragmentieren möchten, etwa um die Wuchsform zu erhalten und die kahlen Skelettbereiche später von gesundem Polypengewebe überwachsen zu las-

Das zersetzte und stark Protozoen-haltige Gewebe dieser *Acropora* verdriftet fortwährend mit der Strömung und gefährdet auch gesunde Korallen.

sen, dann können Sie den betreffenden Ast im gesunden Polypengewebe mit einem Unterwasser-Epoxidharz ummanteln, um die weitere Ausbreitung des Gewebsbefalls zu stoppen. Allerdings hilft dies nicht bei Arten mit besonders poröser Skelettstruktur, weil die Protozoen sich auch im Inneren des Skelettes ausbreiten können.

7. Breitet sich der Gewebszerfall weiter aus, dann können Sie eine Jodbehandlung durchführen. Füllen Sie ein Gefäß (Wassereimer) mit Aquarienwasser und fügen Sie pro Liter 5–10 Tropfen Lugol'sche Lösung hinzu. Baden Sie die befallene Koralle rund 30 Minuten in dieser leicht bräunlichen Lösung. Anschließend

wird die Koralle an ihren ursprünglichen oder einen geeigneten neuen Standort im Aquarium gesetzt.

8. Hilft auch das Jodbad nicht, sondern dehnt sich der Gewebszerfall massiv über den Korallenstock aus, dann sollten Sie versuchen, einzelne Äste zu retten, die noch gesund erscheinen. Diese Fragmente sollten Sie mit Unterwasser-Epoxidharz auf ein neues Substrat setzen und nach einem 30-minütigen Jodbad (s. o.) im Aquarium unter günstigen Licht- und Strömungsbedingungen platzieren.

Antibiotische RTN-Behandlung von Steinkorallen
siehe im dritten Teil des Buches im Kapitel „Chemische Kontrolle"

Foraminifera

Fotosynthetische Kammerlinge

Systematik
Die meisten Foraminiferen, die wir im Riffaquarium antreffen, sind harmlose, nicht fotosynthetisch lebende Filtrierer. Gelegentlich gelangen jedoch auch fotosynthetische Arten in die Aquaristik, und diese können dramatische, kaum zu beherrschende Plagen auslösen, etwa die hier gezeigte Foraminifere *Elphidium crispa*.

Beschreibung
Frei lebende zooxanthellate Foraminiferen können sich rasant vermehren und im Lauf kurzer Zeit „Foraminiferensand" produzieren. Die Kammerlinge bedecken dann im Aquarium alle lichtzugewandten Oberflächen mit einer dicken Schicht ihrer Skelettelemente, darunter auch verendete Exemplare, so dass eine fortwährend dicker werdende Sedimentschicht entsteht, die die Korallen förmlich lebendig begräbt.

Vermehrungsfördernde Faktoren
Da diese fotosynthetischen Kammerlinge die gleichen Umgebungsbedingungen benötigen wie unsere sessilen Aquarienpfleglinge, können wir

Diese Bilder zeigen eine Population der Foraminifere *Elphidium crispa* in einem 12-l-Nanobecken, die beginnt, eine Leder-koralle *Sinularia dura* zu überdecken. In der Lupenaufnahme wird die Architektur ihres Skeletts deutlich. Auch sind die Pseudopodien zu sehen, mit denen sie sich an der Glasscheibe oder anderen festen Oberflächen anheften. Der Sand im Glas ist tatsächlich zu 90 % reiner „Foraminiferensand", der aus größtenteils noch lebenden Kammerlingen besteht.

kaum etwas am gesamten Aquarienmilieu ver-ändern, um ihnen das Leben schwerer zu ma-chen. All das, was wir tun, um für unsere zooxan-thellaten Korallen gute Bedingungen zu schaf-fen, fördert auch die Vermehrung der Foramini-feren.

Vorbeugung, Kontrolle, Bekämpfung

Das Wichtigste ist die Vorbeugung; man sollte keine Tiere aus einem Becken, das von diesen Kammerlingen befallen ist, in andere Aquarien bringen, weil dadurch die sehr große Gefahr be-steht, dass sie sich in der Riffaquaristik ausbreiten. Selektive Bekämpfungsmethoden sind nicht bekannt, die einzige Möglichkeit, sie zu dezimieren, ist das häufige und gründliche Absaugen, um ihre Biomasse im Aquarium so gering wie möglich zu halten. Zusätzlich empfehlen sich starke Abschäumung und Aktivkohlefilterung, um frei werdende Sekrete der Kammerlinge und ihre biochemisch wirksamen Inhaltsstoffe aus dem Wasser zu bekommen, weil diese nicht nur das Wachstum anderer Organismen hemmen, sondern auch das der eigenen Art verstärken. Auch eine leichte Ozongabe (z. B. 10 mg/h) in den Abschäumer ist ratsam. Keinesfalls sollte man das tun, was mir ein betroffener Aquarianer berichtete: Er hatte die abgesaugten Foraminiferen fortwährend im Kalkreaktor aufgelöst, somit auch das lebende Gewebe dieser Kammerlinge mitsamt den Inhaltsstoffen fortwährend über das gesamte Aquarium verteilt und diese Organismen so noch bei ihrer Ausbreitung unterstützt.

Turbellarien (Strudelwürmer)

Corallophobe Turbellarien mit fotosynthetischer Lebensweise *Convolutriloba retrogemma*

Systematik
Diese Plattwürmer wurden in der Vergangenheit fälschlich als „Planarien" bezeichnet. Dieser Begriff ist unzutreffend, denn Planarien leben ausschließlich im Süßwasser. Beim hier vorgestellten acoelen Plattwurm *Convolutriloba retrogemma* handelt es sich vielmehr um eine Turbellarie, also einen Strudelwurm der Klasse Turbellaria. Die Ordnung Acoela umfasst 17 Familien, eine davon, die Familie Convolutidae, enthält derzeit 69 Arten in 19 Gattungen. Plattwürmer der Ordnung Acoela besitzen keine Atmungsorgane, sondern führen den Gasaustausch passiv über die gesamte Körperoberfläche durch, was ihnen in Zonen mit geringem Sauerstoffgehalt das Leben erschwert, bei besonders hohem Sauerstoffgehalt dagegen erleichtert. Da diese Plattwürmer neben einigen weiteren Arten das Gewebe lebender Korallen konsequent meiden – im Ge-

gensatz zu bestimmten anderen Arten, die nur auf lebendem Korallengewebe zu finden sind –, möchte ich zur aquaristischen Unterscheidung die beiden Kategorien „corallophile" und „corallophobe" Plattwürmer vorschlagen. Dementsprechend wäre *C. retrogemma* corallophob, also „Korallen meidend".

Beschreibung
Bei dieser Art handelt es sich um braune, ca. 2–3 mm lange Plattwürmer, die sich überall dort aufhalten, wo eine ausreichende Lichtmenge auf ihren Körper gelangt. Sie sitzen auch auf Algen, jedoch nicht auf Korallen. Der Körper kann rechteckig wirken, und am hinteren Ende befindet sich ein meist gut sichtbares „Schwänzchen", das oft kräftig rot gefärbt ist. Bei extrem starker Vermehrung kommt es zu flächendeckenden Ansammlungen der Turbellarien. Die Vermehrung erfolgt nicht nur geschlechtlich über Eier, sondern auch ungeschlechtlich durch Längsteilung.

Vermehrungsfördernde Faktoren
In der ersten Hälfte dieses Buches bin ich detailliert auf meine Beobachtungen zum Sauerstoffbedarf dieser Turbellarien eingegangen. Eine starke Präsenz der Plattwürmer scheint ein Hinweis auf extrem hohe Sauerstoffsättigung des Aquarienwassers zu sein, in der Regel ausgelöst durch Algen-Fotosynthese, der nicht ein entsprechend hoher Sauerstoffverbrauch durch den Stoffwechsel von Tieren gegenübersteht – vereinfacht gesagt, es handelt sich meist um algengeplagte und/oder sehr fischarme Aquarien.

Vorbeugung, Kontrolle, Bekämpfung
Prinzipiell lässt sich diese Massenvermehrung am besten dadurch kontrollieren, dass man den Sauerstoffgehalt des Wassers auf Normalwerte reduziert – am sinnvollsten durch eine ausgewogene Besatzstärke mit Tieren, vor allem Fischen. Das dann meist folgende Absinken der Turbellarienmenge wurde bisher in der Regel als Beleg dafür gedeutet, dass neu hinzugesetzte Fische offenbar Turbellarien fräßen, doch obgleich es

Ein typisches Bild: Die Cyanobakterie *Oscillatoria* („Rote Schmieralge") erzeugt in diesem Aquarium ein sehr sauerstoffreiches Milieu, in dem sich der Plattwurm *Convolutriloba retrogemma* stark vermehren kann. Die beiden Weichkorallen (*Sarcothelia edmondsoni*, li., und *Knopia octocontacanalis*, re.) sind frei von Plattwürmern, denn diese Art sitzt niemals auf Korallen, sondern nur auf Gestein, Bodengrund, Algen oder Aquarienscheiben.

An dieser lebenden *Hydnophora*-Steinkoralle und ihrem kleinen Anteil abgestorbenen Skeletts wird deutlich, dass *Convolutriloba retrogemma* sich nicht auf das Gewebe lebender Korallen setzt. Man könnte die Art daher von den auf Nesseltieren lebenden Plattwürmern abgrenzen, indem man sie als corallophob bezeichnet. Corallophobe Plattwürmer meiden das Gewebe lebender Korallen, während corallophile Plattwürmer es gezielt suchen.

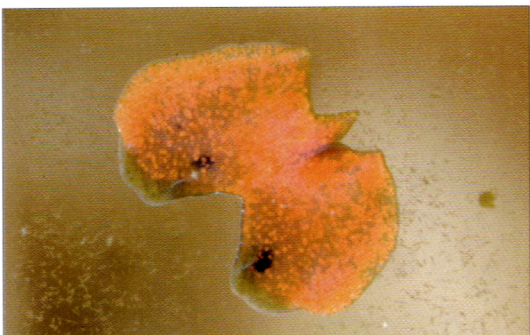

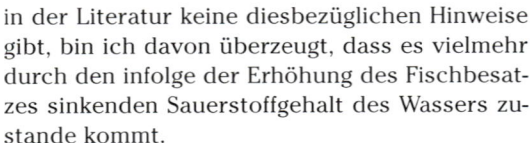

Diese Nahaufnahme zeigt die vegetative Vermehrung von *Convolutriloba retrogemma* durch Längsteilung, was den enormen Populationszuwachs dieser Art unter günstigen Umgebungsbedingungen erklärt. Das bedeutet, dass es innerhalb weniger Stunden zu einer dramatischen Populationszunahme kommen kann.

Chelidonura varians frisst zwar Turbellarien, kann sich nach meinen Beobachtungen aber nicht allein von *Convolutriloba retrogemma* ernähren und darum das Problem einer Massenvermehrung dieser Art nicht lösen.

in der Literatur keine diesbezüglichen Hinweise gibt, bin ich davon überzeugt, dass es vielmehr durch den infolge der Erhöhung des Fischbesatzes sinkenden Sauerstoffgehalt des Wassers zustande kommt.

Von der früher üblichen Methode, Turbellarien mit Levamisol-Hydrochlorid („Concurat-L", 7,5 g auf 1.000 l Aquarienwasser, nach 24 Stunden über Aktivkohle filtern) zu vernichten, rate ich dringend ab, weil das Grundproblem dabei

ungelöst bleibt und zugleich die gesamte Wurm-Mikrofauna abgetötet wird. Diese Würmer fehlen dann, und das Wasser wird durch Zersetzungsprozesse im Inneren des Lebendgesteins stark belastet. Die Probleme, die dies nach sich ziehen kann – einschließlich verendender Fische – wurden in der Vergangenheit meist als Beleg dafür gedeutet, dass die Plattwürmer giftig seien. Sie könnten ihre Ursache aber ebenso in der Wasserbelastung durch sich massenhaft zersetzende Borstenwurmleichen haben.

Der Einsatz von Fischen als Turbellarienfresser ist meiner Erfahrung nach keine Möglichkeit, das Problem zu lösen. Zwar ist denkbar, dass bestimmte Leierfische oder auch andere Arten wie Lippfische gelegentlich einige Plattwürmer fressen, doch das ist Teil einer abwechslungsreichen Ernährung und umfasst nicht so viele Exemplare, dass es eine Massenvermehrung beenden könnte. Lediglich die Vorbeugung ist durch sie möglich.

Der Einsatz der Nacktschnecke *Chelidonura varians*, die sich auf Plattwürmer als Nahrung spezialisiert hat, wird dieses Ziel bei einer Massenvermehrung in der Regel auch nicht erreichen können, weil die Schnecken die einseitige Ernährung mit *Convolutriloba retrogemma* offenbar nicht vertragen – sie scheinen sich nicht auf genau diesen Plattwurm spezialisiert zu haben, sondern fressen ihn trotz seiner wohl vorhandenen Fraßhemmstoffe, weil er für sie im Aquarium die einzige Nahrungsquelle ist. Die Hintergründe, die mich zu dieser Ansicht brachten, habe ich ebenfalls im ersten Teil des Buches geschildert, und identisches Verhalten der Nacktschnecken wurde mir auch von vielen Aquarianern aus unterschiedlichen Ländern berichtet, es ist also keine Einzelbeobachtung.

Das oft empfohlene Absaugen der Plattwürmer ist kaum tatsächlich möglich, und selbst das könnte das Problem nicht dauerhaft lösen. Man kann es allerdings etwas effektiver angehen, indem man tagsüber Raum und Aquarium völlig abdunkelt, nachdem man einen weißen Porzellanteller in der Beckenmitte auf den Bodengrund gelegt hat, und zwar so, dass die Plattwürmer vom Boden aus direkt auf den Teller kriechen können. Dann wird der Teller mit einer Spot-Lampe beleuchtet, während die Umgebung dunkel bleiben muss. Im günstigen Fall sammeln sich viele Plattwürmer auf dem Teller, der dann vorsichtig herausgenommen oder abgesaugt werden kann. Aber auch das ist nicht viel mehr als das berühmte „Pflasterkleben".

Das Grundproblem ist nach meinen Erfahrungen eine Milieuveränderung in Richtung Sauerstoffübersättigung, und diese muss besei-tigt werden, dann reduziert sich die Plattwurmpopulation von selbst auf normale Werte. Die Ursache kann darin liegen, dass sich sehr wenige Fische im Becken befinden, doch ebenso gut kann sie in sehr starker Algen-Fotosynthese liegen, wie bereits erwähnt. In diesem Fall sammeln sich nach einigen Stunden Beleuchtung (und Fotosynthese) Gasbläschen aus fotosynthetisch erzeugtem Sauerstoff, die an den Algen haften bleiben, weil das Wasser infolge der Übersättigung keinen Sauerstoff mehr lösen kann. In solchen Fällen müssen z. B. vorhandene Schmieralgen oder Kieselalgen bekämpft werden, damit die Plattwurm-Invasion zurückgeht.

Unbekannte fotosynthetische Turbellarie

Beschreibung

Diese Turbellarie lebt offensichtlich auch fotosynthetisch und kann sich im Aquarium durch Eiablage geschlechtlich vermehren. Nach meinen Beobachtungen gehört sie in die Gruppe der corallophoben Turbellarien. Von *Convolutriloba retrogemma* unterscheidet sie sich durch die Rundung am Vorderkörper, während die beiden „Schwanzfortsätze" am Hinterende auch bei *C. retrogemma* zu sehen sein können, wenngleich sie sehr viel kürzer sind. Auch ist diese Turbellarie mit rund 4 mm deutlich größer.

Diese nicht näher bestimmte fotosynthetische Turbellarie befindet sich bei der Eiablage, um sich geschlechtlich zu vermehren. Eine Massenvermehrung dieser Art konnte bisher allerdings nicht beobachtet werden.

Vorbeugung, Kontrolle, Bekämpfung
Nicht nötig, in normal besetzten Aquarien erreicht diese Turbellarie nach meinen Erfahrungen keine großen und störenden Populationsdichten. Allerdings scheint derselbe Zusammenhang mit dem Sauerstoffgehalt des Wassers zu bestehen wie bei *Convolutriloba retrogemma* geschildert, und in Aquarien mit normaler Fischdichte ist diese unbestimmte Art nur sehr vereinzelt anzutreffen, nicht in dichten Gruppen.

Corallophobe Turbellarien ohne fotosynthetische Lebensweise *Amphiscolops*-Arten

Systematik
Amphiscolops sp. und weitere Arten aus der Ordnung Acoela

Beschreibung
Gelegentlich sieht man im Korallenriffaquarium weitere acoele Turbellarien, die jedoch nicht in Massen auftreten, sondern nur vereinzelt. Den Grund für das Ausbleiben ihrer Massenvermehrung sehe ich in der Tatsache, dass sie nicht fotosynthetisch leben, also keine Symbiosealgen besitzen. Darum ist die Farbe auch niemals braun. Die Körperform ist in der Regel gleich: Der Vorderkörper ist gerundet, der Hinterkörper „zweischwänzig". Diese *Amphiscolops*-Art ist weißlich, leicht durchscheinend und lässt in

Amphiscolops sp. ist eine rund 7 mm lang werdende, weißliche Turbellarie, die in nahezu allen Riffaquarien gelegentlich auftaucht und nicht zur Massenvermehrung neigt.

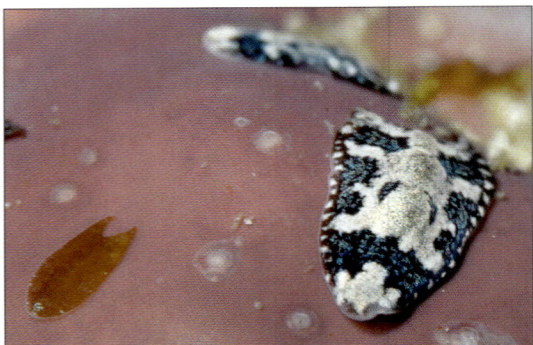

Diese nicht näher bestimmte, nicht fotosynthetische Turbellarie (rechts) taucht gelegentlich in Riffaquarien auf, neigt jedoch nicht zur Massenvermehrung.

Körpermitte Organsysteme erkennen. Die Gesamtlänge liegt bei ca. 4 mm. Eine weitere Art, die ich nicht bestimmen konnte, ist mit ca. 7 mm Körperlänge deutlich größer, bei gleicher Körperform. Die Tiere sind sehr hübsch weiß und blau gepunktet, auf brauner Grundfärbung (weshalb fotosynthetische Aktivität nicht ganz ausgeschlossen werden kann, jedoch die geringe Vermehrungstendenz spricht dagegen).

Kontrolle, Bekämpfung
Unnötig; nach meinen Erfahrungen erreichen diese Turbellarien keine großen und störenden Populationsdichten.

Corallophile Turbellarien mit kommensaler Lebensweise *Waminoa*-Arten

Systematik
Über die Systematik von Turbellarien der Ordnung Acoela ist wenig bekannt. Die corallophilen, nach bisherigem Kenntnisstand nur auf Nesseltieren anzutreffenden *Waminoa*-Arten sind praktisch niemals außerhalb einer Koralle zu sehen (abgesehen von Scheibenanemonen, die nicht als Korallen gelten, jedoch nach neuesten Forschungsarbeiten Steinkorallen ohne Skelett darstellen und eng mit bestimmten *Acropora*-Arten verwandt sind, vgl. KNOP 2008f), ebenso wie die nachfolgend vorgestellten parasitären Plattwür-

Waminoa litus sitzt hier auf unterschiedlichen Stein- und Weichkorallen. Charakteristisch ist beim Auftreten in der Natur die Beschränkung auf einzelne Korallen ohne Befall benachbarter Exemplare, was annehmen lässt, dass der geschwächte Zustand einer Koralle für die Anwesenheit der Plattwürmer wegbereitend ist.

mer. Darum schlage ich für diese Gruppe acoeler Turbellarien die aquaristische Kategorie „corallophile Turbellarien" vor, um sie gegenüber den nicht auf Korallen lebenden (corallophoben) abzugrenzen. In Frage kommen vor allem die beiden Arten *Waminoa litus* (tropisch) und *W. brickneri* (subtropisch), aber sicher auch weitere, die bisher wissenschaftlich noch nicht beschrieben sind.

Beschreibung
Vordere und hintere Körperpartie sind rund, der Körper kann in der Mitte leicht eingeschnürt sein und einen Längsstreifen tragen. Die Färbung ist meist bräunlich, was auch bei diesen Turbellarien fotosynthetische Aktivitäten vermuten lässt, oft sind die Plattwürmer auch weitgehend transparent, so dass die Färbung der Wirtskoralle durchscheint. Diese Tiere leben auf der Oberfläche der Korallen, ohne sie erkennbar aktiv zu

schädigen, was auf eine kommensale Lebensweise hinweist. Allerdings scheint bei ihrer Massenvermehrung eine passive Beeinträchtigung des Wirtstiers zu erfolgen. Ich halte auch bei ihnen eine Korrelation zum Sauerstoffgehalt des Umgebungswassers für denkbar, obgleich mir hierzu eigene Beobachtungen fehlen. In jedem Fall gibt es jedoch offenbar noch weitere Auslösungsmomente für die Vermehrung auf einer Koralle, und eines davon könnte eine bereits bestehende Schwächung der Koralle sein. In Korallenriffen Asiens habe ich oft befallene Einzelkorallen angetroffen, deren Nachbarkorallen jedoch völlig frei von Plattwürmern waren.

Vorbeugung, Kontrolle, Bekämpfung
In der Regel lassen sich diese Plattwürmer leicht absaugen, insbesondere von größeren Stein- oder Weichkorallen. Problematisch ist das Auf-

treten auf Korallen wie *Anthelia*, auf deren Polypen die Würmer nicht einzeln abgesaugt werden können. Soll die Beseitigung erfolgen, dann können viele Korallenarten kurzzeitig in Süßwasser geschwenkt werden (im Rahmen der Verträglichkeit für die Koralle, der bei den meisten Arten bei 4–8 Sekunden liegt und mit einer kleinen Polypengruppe ermittelt werden sollte), was die Mehrzahl der Plattwürmer innerhalb weniger Sekunden dazu bringt, die Koralle zu verlassen.

Corallophile Turbellarien mit parasitärer Lebensweise „*Acropora*-Strudelwurm" unbekannter Gattung

Systematik
Die Systematik dieser Turbellarien ist nicht bekannt, da sie jedoch ebenfalls nur auf Korallen leben, sollen sie hier in die aquaristische Kategorie corallophiler Plattwürmer eingeschlossen werden.

Beschreibung
Diese Turbellarien werden ca. 3 mm breit und rund 8 mm lang. Ihre Körperoberseite ist weiß, ihre Unterseite bräunlich, doch durch das Umschlagen des Körperrandes nach oben ist die bräunliche Färbung auch von oben sichtbar, so dass sie sich auf weißem oder braunem Untergrund tarnen können. Diese Turbellarien fressen vor allem an der Unterseite der Korallenäste, sind also beim Blick von oben nicht ohne weiteres zu sehen. Man sollte daher auf Stressanzeichen der Koralle achten.

Diese Plattwürmer vermehren sich im Aquarium geschlechtlich über Eier, die in der Regel an der Unterseite der Koralle oder in Astgabelungen abgelegt werden. Allein das Vorhandensein dieser Eier weist schon auf den Befall hin, auch wenn keine Plattwürmer zu sehen sind. Betroffen sind nach Erfahrungen von F. FRICKE (2000) vor allem *Acropora*-Arten, häufig aber auch *Stylophora*. Die Plattwürmer bevorzugen offensichtlich buschig wachsende Arten, denn an

Nahaufnahme des ca. 3 mm langen „*Acropora*-Strudelwurms". Die bräunliche Pigmentierung seiner Unterseite, die möglicherweise mit der Einlagerung von Symbiosealgen des Wirts zusammenhängt, ist von oben nicht zu sehen, so dass das Tier weiß wirkt.

Der Plattwurm kann sich der braunen Farbe einer Wirtskoralle anpassen, indem er den Körperrand nach oben umschlägt und die braune Unterseite sichtbar macht.

Korallenarten mit einer sehr offenen Wuchsform wie *A. humilis* oder *A. gemmifera* sind sie im Aquarium nach seinen Angaben nicht zu finden gewesen. Stark befallen wurden hingegen *Acropora selago, A. millepora, A. spicifera, A. echinata, A. valida, A. nasuta* und ähnlich wachsende sowie alle tischförmig wachsenden Arten, z. B. jene der *A.-hyacinthus*-Gruppe.

Leichter Befall: Die Polypen werden nicht vollständig geöffnet, Eier sind noch nicht zu finden – Tauchbadbehandlung sinnvoll, insbesondere, wenn andere Korallen im Becken befallen sind.

Mittelschwerer Befall: Die Koralle öffnet die Polypen nicht, die bräunliche Farbe der Koralle verblasst, an Ästen und Basalplatte sind bereits erste Gewebeauflösungen zu erkennen. Auch

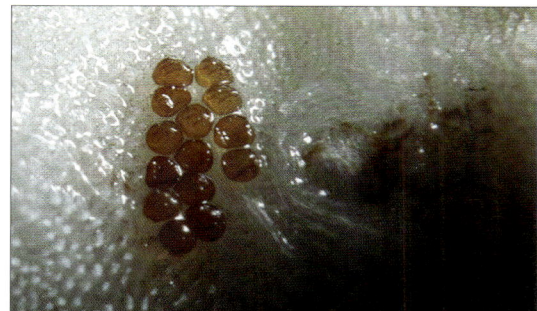

Ein 3 mm großes Gelege, das neben zahlreichen weiteren auf einer befallenen *Acropora*-Steinkoralle gefunden wurde

Fraßspuren sind auf dem Korallengewebe deutlich zu sehen, vor allem an der lichtabgewandten Seite. In diesem Stadium können bisweilen 50 oder gar 100 Plattwürmer auf einem Korallenstock gefunden werden. In diesem Stadium sollte an der lichtabgewandten Unterseite der Kolonie intensiv nach den Plattwürmern und vor allem nach den Eiern gesucht werden. – Tauchbadbehandlung unbedingt anzuraten.

Schwerer Befall: Große Teile des Korallenstocks sind abgestorben, die Koralle ist nicht mehr zu retten. Bei seltenen Arten oder Farbvarianten von Korallen kann man in diesem Stadium noch versuchen, kleine Fragmente zu retten, doch diese sollten zuvor mit einem Tauchbad behandelt werden (s. u.).

Vermehrungsfördernde Faktoren
Das Fehlen des Räuberdrucks im Riffaquarium scheint der auslösende Faktor zu sein, weshalb es ratsam ist, auch Lippfische im Steinkorallenbecken zu pflegen; FRICKE (2000) hat verschiedene Lippfische dabei beobachtet, wie sie die Plattwürmer fraßen, z. B. *Thalassoma lunare*.

Vorbeugung, Kontrolle, Bekämpfung
Behandlung befallener Korallen außerhalb des Riffaquariums in einem Quarantänebecken mit Levamisol-Hydrochlorid (Präparatname „Concurat-L", rezeptpflichtiges Medikament aus der Tiermedizin): Ein Portionsbeutel mit 7,5 g auf 5 l Wasser, Badedauer 60–90 Minuten. Während der Behandlung sollten die Korallenstöcke regelmä-

ßig geschwenkt werden, damit das Mittel auch die in Vertiefungen sitzenden Exemplare erreicht und diese herausgespült werden. Nach 5–7 Tagen muss die Behandlung wiederholt werden, weil dann auch die Gelege geschlüpft sind, denn das Medikament wirkt nicht durch die Eihülle hindurch.

Als Alternative eignet sich ein Tauchbad mit Povidonjod: 5 l Aquarienwasser in einen Eimer füllen, 10 ml „Polysept"-Lösung eingießen und gut vermischen. Die Korallenstöcke sollen fünf Minuten in der Lösung verbleiben und währenddessen wiederholt geschwenkt und bewegt werden. Anschließend wird der Korallenstock in einem zweiten Eimer gründlich mit Aquarienwasser gespült und nach Eigelegen abgesucht.

Nicht fotosynthetische Turbellarien anderer Ordnungen
Pseudoceros sp.

Systematik
Diese Plattwürmer gehören nicht in die Ordnung Acoela, unterscheiden sich also weitgehend von den zuvor aufgeführten und werden erheblich größer.

Beschreibung
Gelegentlich taucht im Riffaquarium ein Plattwurm auf, der eine Länge von ca. 6 cm erreicht. Er ist völlig harmlos und scheint in zahlreichen

Pseudoceros sp. im Aquarium, Körperlänge ca. 6 cm

Becken vorhanden zu sein, ohne dass er bemerkt wird. Man begegnet ihm am ehesten nachts in der Dunkelphase, wenn er über eine der Aquarienscheiben kriecht. Er ist bräunlich grau und trägt auf der gesamten Körperoberseite helle Flecken, deren Durchmesser im Zentrum am größten ist und zur Peripherie hin abnimmt. Interessanterweise kann dieser Plattwurm auf dem Bodengrund sitzend zwischen den einzelnen Körnchen hindurch in die Tiefe „abtauchen", ohne sie erkennbar zu bewegen. Wegen dieses Kriechverhaltens und der gepunkteten Färbung, die ihn an den Bodengrund farblich anpasst, vermute ich, dass er hauptsächlich im Bodengrund lebt.

Kontrolle, Bekämpfung

Unnötig, dieser ist Plattwurm nach bisherigen Beobachtungen völlig harmlos und soll hier nur vorgestellt werden, damit Aquarianer ihn nicht aus Unsicherheit aus dem Becken entfernen.

Cnidaria – Zoantharia (= Hexacorallia, Sechsstrahlige Blumentiere)

Glasrosen
Aiptasia spp.

Systematik

Die aquaristisch vorkommenden Glasrosen gehören sämtlich der Gattung *Aiptasia* an (Familie Aiptasiidae). Bei der im tropischen Meerwasseraquarium verbreitetsten Art dürfte es sich um *A. luciae* handeln, doch gelegentlich tauchen auch andere Arten auf, etwa *A. tagetes* aus der Karibik. Die Systematik dieser Tiergruppe ist allerdings nicht sehr übersichtlich, so dass eine Bestimmung bis auf Artebene für den Aquarianer kaum möglich ist. Unterscheiden sollte man sie von der Seeanemone *Bartholomea annulata*, ebenfalls aus der Karibik, die erheblich größer wird und charakteristische Ringe an den Tentakeln zeigt. Diese vermehrt sich im Aquarium nicht, sondern muss regelmäßig gefüttert werden, damit sie nicht degeneriert. Als Symbiosepartner des Knallkrebses *Alpheus armatus* ist sie ein hervorragender Pflegling für ein Artenbecken.

Die in der Riffaquaristik häufigste Glasrose ist *Aiptasia luciae*.

Beschreibung

Glasrosen sind im Prinzip Seeanemonen in Miniaturgröße und erreichen einen Mundscheibendurchmesser von maximal ca. 4 cm, bleiben meist aber weitaus kleiner. Allerdings entwickeln sie sehr lange Tentakel, die bei einem großen, adulten Exemplar im Radius von mehr als 10 cm jegliche anderen sessilen Wirbellosen durch ihre Nesselgifte empfindlich schädigen können, insbesondere wenn ihre Tentakel von der Strömung hin und her geworfen werden. Die Vermehrungsfreudigkeit, die Glasrosen unter bestimmten Umständen entwickeln, ist extrem, und ihre Fähigkeit, andere Wirbellose zurückzudrängen, ist so dramatisch, dass sie ein Riffbecken innerhalb einiger Monate in eine Glasrosen-Monokultur verwandeln können. Hier sind „gärtnerische" Eingriffe des Aquarianers also nicht nur berechtigt, sondern für das Überleben der artenreichen Aquariengemeinschaft absolut unverzichtbar. Das Hauptproblem ist jedoch, dass wir mit genau diesen Eingriffen die Vermehrung der Glasrosen erheblich steigern können, wie im ersten Teil des Buches beschrieben. Kaum ein wirbelloses Aquarientier aus dem Korallenriff hat sich das Prädikat „Trojaner" so redlich verdient wie die Glasrosen der Gattung *Aiptasia*.

Vermehrungsfördernde Faktoren

Schwebenahrung jeder Art nützt den Glasrosen erheblich, und wer bereits einzelne Exemplare im Becken hat, sollte mit der regelmäßigen

Schwebefütterung sehr zurückhaltend sein, bis die Aiptasien vollständig vernichtet sind. Muss man regelmäßig viel Schwebenahrung reichen, empfiehlt es sich, Glasrosen fressende Tiere einzusetzen, um die Entwicklung einer Glasrosenplage von vornherein zu verhindern.

Glasrosen sind sehr anpassungsfähig. Sie können sich fast ausschließlich über ihre Symbiosealgen ernähren und dadurch in praktisch schwebstofffreiem Wasser überleben. Ebenso vermögen sie in völliger Dunkelheit nach vollständigem Ausbleichen durch Verlust ihrer Symbiosealgen allein durch den Fang von Schwebenahrung zu überdauern und sich auch fortzupflanzen. Erfahrungen zeigen sogar, dass sie unter diesen Umständen dazu neigen, besonders viele winzige Exemplare zu produzieren, die dann mit der Strömung verdriften sollen. Wenn wir also im dunklen Filterbecken eine einzelne große und ausgebleichte Glasrose haben, wird diese mit einiger Wahrscheinlichkeit das Aquarium fortwährend mit unzähligen winzigen Exemplaren versorgen.

Vorbeugung, Kontrolle, Bekämpfung

Da die Glasrosen der Gattung *Aiptasia* noch immer zu den lästigsten „Trojanern" im Korallenriffaquarium gehören, möchte ich ihnen gebührend viel Platz widmen – sie haben es einfach verdient. Ich erinnere mich noch sehr gut an Erzählungen von Rudi Lowak aus der Zeit seiner meeresaquaristischen Anfänge in den frühen 1970er-Jahren, als man kaum irgendwelche sessilen Wirbellosen aus dem Riff im Aquarium pflegen konnte. Damals war der Jubel über die Vermehrungsfreudigkeit der Glasrosen groß, und wer wollte bezweifeln, dass diese Blumentiere hübsch aussehen! In den 80er-Jahren wurden sie dann zusehends lästiger, und die Gegenmaßnahmen bestanden – ich kenne es noch gut aus eigenen Erfahrungen – vor allem in der Giftwirkung von Kupfer: Man schnitt ein 3 cm langes Stück eines Kupferkabels ab, entfernte die Hälfte der Isolierung, schliff das freigelegte Ende spitz an und steckte es für eine Viertelstunde mitten in die Glasrose hinein. Nach dieser Zeit waren die Aiptasien so stark durch das Kupfer geschädigt, dass

Gelegentlich tauchen im Riffaquarium seltenere Glasrosenarten auf, die schwer bestimmbar sind.

sie zerfielen. Der Kupferdraht ließ sich beliebig oft verwenden, musste vor dem nächsten Einsatz allerdings mit einem Stück Sandpapier gereinigt werden, um die Oxidschicht abzuschleifen. Natürlich ist eine solche Vorgehensweise heute bei der Pflege der empfindlichen Steinkorallen auf keinen Fall mehr zu empfehlen, doch sie zeigt, wie alt das Problem der wuchernden Glasrosen ist.

Das Einfachste wäre, die Glasrosen schlicht abzubürsten. Das sollte man jedoch unbedingt vermeiden, nicht nur, weil Gewebereste im Aquarium zurückbleiben, sondern auch, weil das Freiwerden von Substanzen aus dem Gewebe der Glasrosen deren Artgenossen die Aktivitäten eines Räubers signalisiert und eine Veränderung der Fortpflanzungsstrategie auslöst. Glasrosen sind, wie im allgemeinen Teil des Buches erläutert, dazu im Stande, solche Fressaktivitäten – und als solche müssen wir unsere Eingriffe prinzipiell sehen, denn wir ersetzen damit

Eng verwandt mit Glasrosen und doch kein „Trojaner":
Bartholomea annulata

Glasrosen schädigen Raumkonkurrenten nicht nur mit Nesselgiften in ihren Tentakeln, sondern auch mit Hilfe der Gastralfilamente, die hier nach dem Kontakt mit einer *Nephtheidae*-Weichkoralle seitlich durch die Körperwand hindurchgeschoben werden.

ja einen fehlenden Räuber – in ihrer Umgebung wahrzunehmen und darauf zu reagieren, indem sie schnell eine große Zahl an jungen Exemplaren freisetzen, die mit der Strömung fortgetragen werden.

Bei der Bekämpfung von Glasrosen sollten wir uns immer der Tatsache bewusst sein, dass wir mit unseren Maßnahmen bei diesen Polypen Gegenstrategien zur Arterhaltung auslösen können – was in gewissem Rahmen eigentlich für die meisten Arten gilt. Wären diese Nesseltiere primitive, „dumme" Zellhaufen, dann hätten sie die Herausforderungen der Evolution nicht bis heute meistern können. Doch ihre „Intelligenz" steckt in den Genen, und so manch ein Riffaquarianer bekommt die Raffinesse dieser Wirbellosen zu spüren, wenn er einige von ihnen im Aquarium vernichtet und dadurch mit dieser Art „in einen Dialog tritt", so komisch sich das anhören mag. Das Verkehrteste ist es, bei vielen vorhandenen Glasrosen im Becken einige zu ver-

nichten und den anderen Gelegenheit zu geben, sich mit ihrer Vermehrungsstrategie darauf einzustellen. Weitaus besser ist es, sie in wenigen dicht aufeinander folgenden Sitzungen mit chemischen Kontrollmitteln auszulöschen – ich denke dabei vor allem an eine alkalische Verätzung mit Kalziumhydroxid.

Hat man die Glasrosen auf diese Weise auf kaum auffindbare Minimalbestände zurückgedrängt, dann sollte man als zweiten Schritt eine biologische Kontrolle einsetzen, und zwar meiner Überzeugung nach am besten durch die Garnelen *Lysmata wurdemanni, L. boggessi, L. seticauda* und *L. rathbunae*. Vor dem Einsetzen dieser „Glasrosenwächter" sollten wir allerdings den größten Teil der Polypen vernichtet haben; die Massenvermehrung allein durch die Garnelen zu besiegen, ist außerordentlich schwierig, denn diese werden sich kaum ausschließlich von den Aiptasien ernähren, um nicht zu viel von deren Nesselgiften aufzunehmen. Der Versuch, durch unterlassene Fütterung bei den Garnelen Hungerdruck zu erzeugen, um sie zum Verzehr der Glasrosen zu zwingen, ist unsinnig und letztlich tierschutzwidrig.

Der Einsatz eines Paars Kupferband-Falterfische ist nur dann möglich und sinnvoll, wenn das betreffende Aquarium ihnen gute Lebensbedingungen bietet (und eine Einzelhaltung dieses

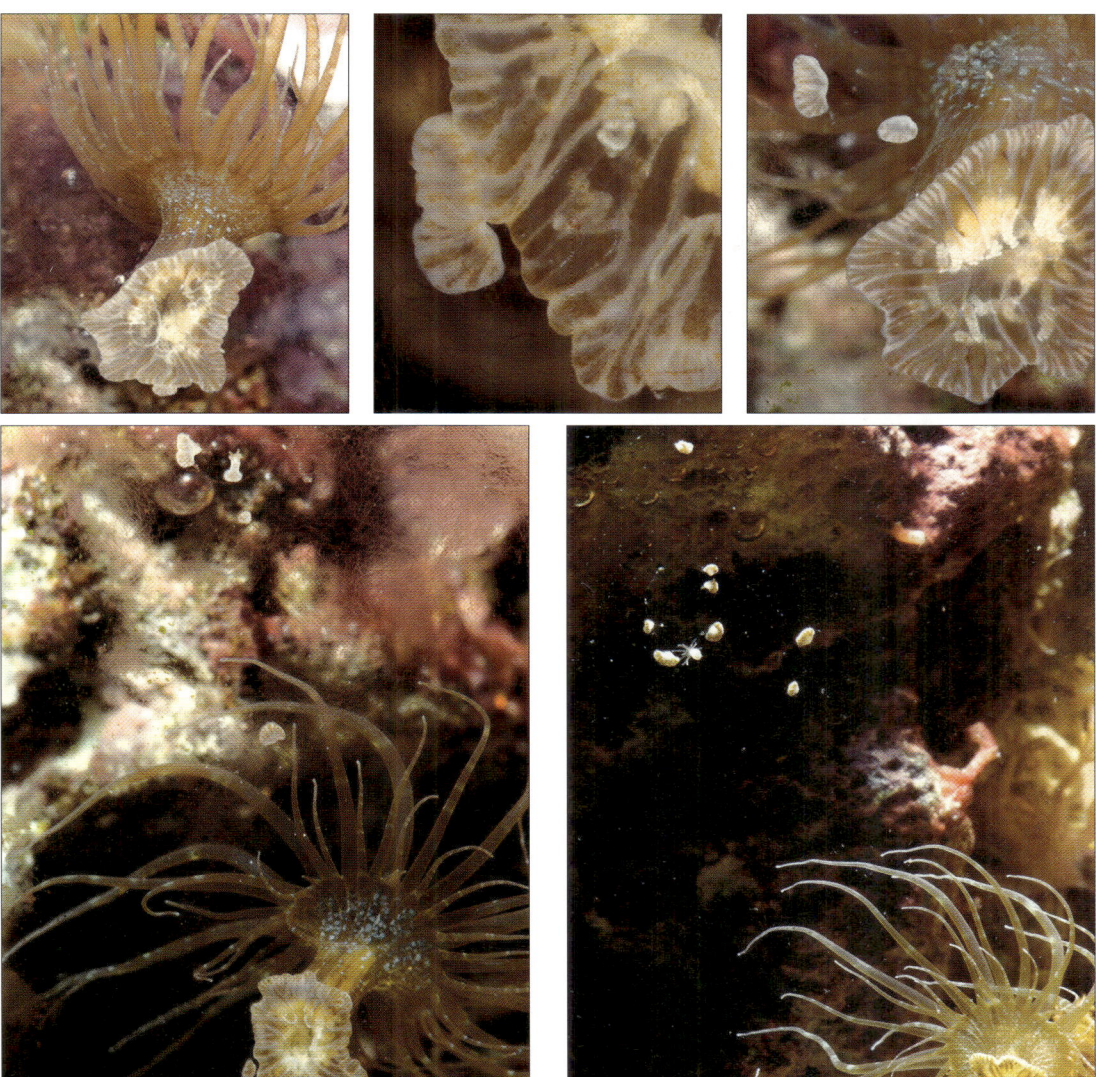

Fußscheibenlazeration von *Aiptasia luciae*, aufgenommen über 8 Tage (22./23./24./26./30. 10.), zunächst siedelt sich die Aiptasie auf dem Substrat an, dann schnürt sie im Bereich der Fußscheibe Gewebe ab und separiert es. Die Tochterindividuen beginnen schon nach wenigen Tagen, sich verdriften zu lassen, um sich irgendwo im Becken anzusiedeln. Anschließend verlagert sie ihren Standort um rund 15 mm abwärts, um am neuen Standort wiederum Gewebeteile abzuschnüren. Diese Wanderung setzt sich fort, und im Beobachtungszeitraum von 8 Tagen erzeugt sie insgesamt über 20 Tochterindividuen.

Fisches ist nicht artgerecht!). Das Gleiche gilt für den Tangfeilenfisch *Acreichthys tomentosus*, der ebenfalls Glasrosen frisst, oder den Falterfisch *Chaetodon kleinii*.

Ebenfalls nicht optimal ist der Einsatz der Nacktschnecke *Aeolidiella stephanieae* (aquaristisch fälschlich *Berghia verrucicornis* genannt). Zwar hat diese sich auf Glasrosen als Nahrung spezialisiert, kann sich also tatsächlich allein davon ernähren, doch gerade in dieser Spezialisierung liegt ein Problem: Mit abnehmender Glasrosenverfügbarkeit geht sie schnell zugrunde, wie im ersten Teil des Buches beschrieben. Pfefferminzgarnelen dagegen ernähren sich nur zum Teil von diesen Aiptasien und erleiden beim Verschwinden der Glasrosen keinen Nahrungsmangel, so dass sie weiterhin im Becken präsent sind und eventuell später neu erscheinende Jungexemplare – z. B. von einem adulten Exemplar im Filterbecken – vernichten können.

„Manjano-Anemone" (Zwerganemone, *Anemonia* cf. *manjano*)

Systematik
Diese kleine Seeanemone ist wissenschaftlich noch unbeschrieben. Sie wurde von Taxonomen wegen ihrer äußeren Ähnlichkeit mit Arten der Gattung *Anemonia* vorläufig als solche bezeichnet, doch da keine wissenschaftliche Erstbeschreibung vorliegt, steht dieser Gattungsname in Anführungszeichen. Die eigentliche Art *Anemonia manjano* dagegen lebt an der Ostküste Afrikas, ist jedoch weitaus größer als diese kleinen Aktinien. „Manjano" – in der Aquaristik meist falsch „majano" geschrieben – ist Swahili und heißt auf Deutsch „gelb".

Beschreibung
Die Tiere können ihre Gestalt verändern, und an ihrem jeweiligen Äußeren lässt sich nach meinen Beobachtungen ihre Bereitschaft zur rasanten Vermehrung erkennen: Einzelexemplare, die unter keinen besonders guten Umgebungsverhältnisse leben, werden relativ groß und erreichen rund 5 cm Mundscheibendurchmesser, mitsamt den Tentakeln Gesamtdurchmesser von mehr als 10 cm. Teilungen bzw. anderweitige vegetative Vermehrungen sind dann in der Regel nur selten zu beobachten – der Bestand bleibt also relativ stabil und wächst nur langsam. Dies könnte man als Parallele zu Glasrosen der Familie Aiptasiidae sehen, die manchmal jahrelang unauffällig bleiben, ohne sich zu vermehren. Än-

Prototyp des „Trojaners" im Meerwasseraquarium: die wissenschaftlich noch unbeschriebene und vorläufig als „*Anemonia*" cf. *manjano* bezeichnete kleine Seeanemone, die hier einen dichten Polypenteppich bildet.

dern sich jedoch die Umgebungsverhältnisse, so dass eine höhere Individuenzahl dieser Art sinnvoll wäre – eine ökologische Nische, die sich geöffnet hat, z. B. in Form von frei gewordenem Substrat, das schnell besetzt werden muss –, dann entwickelt diese Art sehr schnell erheblich kleinere Individuen, die nur rund 10–15 mm Mundscheibendurchmesser erreichen, inklusive Tentakeln kaum über 3 cm Gesamtdurchmesser. Diese wachsen dann nicht zu der Maximalgröße der Art heran, sondern teilen sich sehr bald, und die Teilungsrate kann dann so hoch sein, dass auf einem Substrat mit einer Polypenabdeckung von 10 % innerhalb weniger Wochen eine Substratabdeckung von 90 oder 100 % erreicht werden kann. Man sieht dann interessanterweise unzählige winzige Anemonen und kein einziges sehr großes Exemplar. Doch es handelt sich tatsächlich um dieselbe Art. Ich konnte die Veränderung experimentell auslösen, indem ich kleine Exemplare aus dem teppichartigen Kolonieverband (Monokultur) isolierte und in ein anderes Aquarium setzte, in dem sich viele andere Nesseltiere befanden (Polykultur).

Man sollte also beim Vorhandensein einzelner Exemplare dieser Art, die sehr groß und völlig unauffällig sind, weil sie sich nicht erkennbar vermehren, nicht unbedingt ruhig schlafen, sondern sich der Tatsache bewusst sein, dass diese

Die rasante Vermehrung von „Anemonia" cf. *manjano* kommt durch Längsteilung des Polypen zustande, hier in einer Bildfolge dargestellt.

Diese kleine Seeanemone vermag ihre Körpergröße und Vermehrungsstrategie an die Umgebungsverhältnisse anzupassen. Einzelexemplare, die unter suboptimalen Bedingungen leben, können relativ groß werden und erreichen bis zu 5 cm Mundscheibendurchmesser, mitsamt den Tentakeln Gesamtdurchmesser von mehr als 10 cm. Unter guten Verhältnissen entwickelt diese Art aber eine dramatische Vermehrungsrate und bleibt dann mit Mundscheibendurchmessern von rund 2 cm sehr viel kleiner.

Polypen im Aquarium regelrechte kleine, marine Zeitbomben sind, die nur darauf warten, dass der Auslöser für ihre rasante Vermehrung kommt. Das kann, wie bei Glasrosen, der Fraßdruck sein, den sie über die Sekrete ihrer Artgenossen wahrnehmen, aber auch eine sich öffnende ökologische Nische.

Vermehrungsfördernde Faktoren
Analog zu Glasrosen lässt sich als vermehrungsfördernder Faktor die Schwebefütterung nennen, doch nach meinen Erfahrungen kommt es auch ohne diese zu Massenvermehrungen, allein durch sinkenden Konkurrenzdruck. Solange viele Nesselgifte und Körpersekrete zahlreicher anderer Arten im Wasser vorhanden sind, muss diese Art offenbar viel Energie in die Verteidigung und den Konkurrenzkampf investieren. Lässt dieser Druck nach, ist das offenbar für die kleine Seeanemone ein Signal für die Abwesenheit von Raumkonkurrenz, und sie versucht, die frei gewordene ökologische Nische rasend schnell zu besetzen. Dies ist einer der Überlebenstricks im Genom unserer wirbellosen Aquarienbewohner, die ich im ersten Teil des Buches erwähnte.

Vorbeugung, Kontrolle, Bekämpfung
Die besten Erfahrungen bei der Eindämmung dieser Art habe ich mit einer alkalischen Verätzung gemacht. Dabei muss man gar nicht unbedingt

die weiße Masse mit einer Kanüle in die Polypen hineinspritzen, weil sie allein auf den äußeren Kontakt mit der alkalischen Kalkmilch (besser: „Kalkbrei") so empfindlich reagieren, dass sie sich auflösen. Man kann bei abgeschalteter Wasserströmung größere Bereiche eines Anemonenteppichs flächendeckend mit der Masse überziehen, und nach etwa zweistündigem Einwirken (bei weiterhin abgeschalteter Strömung) wird die Masse abgesaugt. Das Ganze natürlich unter pH-Kontrolle durchführen, wie im Kapitel „Chemische Kontrolle" unter dem Stichwort „alkalische Verätzung" beschrieben. Auf diese Weise lassen sich auch große Populationen dieser kleinen Seeanemone leicht vernichten.

Wenn das von „*Anemonia*" cf. *manjano* überzogene Gestein herausnehmbar ist, bieten sich weitere Möglichkeiten, ohne alkalische Substanzen in das Aquarium einzubringen: Bei großflächigem Bewuchs konnte ich Erfolge mit einem Hochdruckreiniger erzielen, mit dem ich die Polypen einfach im Garten mit Süßwasserdruck vom Gestein spritzte. Setzt man den Stein dem Süßwasser nur wenige Sekunden lang aus, um ihn anschließend wieder in einen mit Meerwasser gefüllten Eimer zu legen, dann kommt es kaum zu einer Süßwasserschädigung – siehe 3. Teil im Kapitel „Physikalische Kontrolle".

Ist der Befall auf dem herausnehmbaren Stein hingegen nur partiell, sitzen zwischen den Seeanemonen also auch Korallen, die man erhalten möchte, empfiehlt sich ein anderes Vorgehen: In solchen Fällen greife ich immer zum Heißluftgebläse, mit dem sich der Stein nach dem Abtropfen punktuell bearbeiten lässt. Sehr schnell schrumpfen die Polypen an der betreffenden Stelle zu unscheinbaren Gewebehäufchen zusammen und können anschließend mit Zahnbürste oder Pinzette entfernt werden – siehe ebenfalls Kapitel „Physikalische Kontrolle".

Stern-Meerblume (*Thalassianthus*)

Systematik

Diese kleine Seeanemone gehört zur Familie Thalassanthidae, ist also verwandt mit der eben-

Mehrere Exemplare der extrem nesselstarken Stern-Meerblume (*Thalassianthus aster*) sitzen hier dicht beieinander. Charakteristisch sind die langen Tentakel, die fast an die einer Oktokoralle (z. B. *Anthelia* oder *Clavularia*) erinnern, sowie die traubenähnlichen Strukturen.

falls extrem nesselstarken Seeanemone *Cryptodendrum adhaesivum*.

Beschreibung

Thalassianthus aster ist eine kleine Aktinie, die einen Mundscheibendurchmesser von rund 5 cm erreicht. Die Nesselkraft dieses Polypen ist so erstaunlich groß, dass man beim Berühren regelrecht festgehalten wird. Ich kenne diese Art sehr gut aus meinem 6.000-l-Riffbecken, in dem sie an der Gesteinsverkleidung der hinteren Scheibe saß, und meine denkwürdigsten Begegnungen mit ihr bestanden in innigem Körperkontakt an der Innenseite der Unterarme, sobald ich, hinter dem Aquarium stehend, über das Becken gebeugt ins Wasser fasste und mich auf irgendeine Arbeit konzentrierte. Beim Kontakt an dieser empfindlichen Hautzone durchfährt es einen wie ein Stromschlag, und die Nesselzellen werden sogleich tief in die Haut geschleudert, wo sie ihr Gift deponieren. Es kommt zu starken Vernesselungen mit Zerstörung der Oberhaut, was auch nach dem Abheilen noch monatelang durch eine dunkle Pigmentierung zu sehen sein kann. Also Vorsicht beim Hantieren in Aquarien, in denen sich diese kleinen Zeitgenossen befinden, denn mit ihnen ist nicht zu spaßen.

Vermehrungsfördernde Faktoren

Diese kleine Seeanemone vermehrt sich nicht so dramatisch wie „*Anemonia*" cf. *manjano*, sondern lebt davon, dass man sie eine ganze Weile in Ruhe lässt. In dieser Zeit siedeln sich einzelne Polypen an den unzugänglichsten Stellen an, mit Vorliebe im unteren Bereich einer astbildenden Steinkoralle, mitten zwischen den Ästen, wo sie für einen Räuber (oder Aquarianer) kaum zugänglich sind. Während „*Anemonia*" cf. *manjano* also eher mit hoher Individuenzahl ihr Glück sucht, so dass ihre Populationen relativ lange auf einen Fleck beschränkt bleiben können, muss man bei *Thalassianthus aster* vor allem damit rechnen, dass diese Art ihre Polypen schon sehr frühzeitig im Aquarium an allen strategisch wichtigen Punkten verteilt – einer der erwähnten Überlebenstricks im Genom unserer wirbellosen Aquarienbewohner.

Vorbeugung, Kontrolle, Bekämpfung

Diese kleine Seeanemone besitzt ein großes Potenzial für die massive und invasive Ausbreitung im Aquarium. Ich habe sie monatelang dutzendweise aus unzähligen *Acropora*-Steinkorallen herausgezogen. An manchen Stellen ist das mechanische Entfernen mit einer chirurgischen Pinzette („Hakenpinzette") sinnvoller als der Einsatz chemischer Substanzen, weil man den befallenen Primärorganismus nicht schädigen möchte, etwa eine *Acropora*-Steinkoralle. Dort aber, wo es auf mechanischem Weg nicht möglich oder zu mühsam ist, empfehle ich eine alkalische Verätzung, und zwar am besten das Injizieren von Kalziumhydroxid-Milch in das Innere des Polypen. Darauf reagieren diese Tiere so empfindlich, dass eine Nachbehandlung selten nötig ist; sie gehen schnell zugrunde.

Krustenanemonen (*Protopalythoa, Zoanthus*)

Systematik

Zahlreiche Krustenanemonenarten sind im Aquarium zu finden, doch die größten Probleme bereitet eine bestimmte Spezies, die wahrscheinlich der Gattung *Protopalythoa* zuzuordnen ist.

Gelegentlich wird über Massenvermehrungen von *Zoanthus sociatus* berichtet, doch was einige Aquarianer sowie ich selbst mit der erwähnten ungewöhnlichen *Protopalythoa*-Art erlebten, ist geradezu abenteuerlich. Allerdings will ich gleich dazusagen, dass dies nicht prinzipiell gegen die Aquarienpflege von Krustenanemonen im Riffaquarium spricht. Die kleinen *Zoanthus sociatus* mit ihren vielen wunderbaren Farbmorphen und ähnliche Arten sind in den allermeisten Fällen harmlos und bleiben wirklich dauerhaft auf kleine Bestände beschränkt, ebenso die „gewöhnliche", dunkelgrüne *Protopalythoa*-Art mit der durch Sedimenteinlagerungen sehr festen Körpersäule.

Beschreibung

Die invasive *Protopalythoa*-Art, die mir durch ihre enorme Durchsetzungsfähigkeit und Giftigkeit viel Respekt vor kleinen Tieren vermittelte, ist grau gefärbt, nicht dunkelgrün. Auch hat sie eine so weiche Körpersäule, dass man annehmen muss, es seien keinerlei stabilisierenden Sedimente in das Körpergewebe eingelagert. Dafür spricht auch die Tatsache, dass sie sich bei Belästigung extrem stark kontrahieren können, fast wie eine Glasrose. Bei keiner anderen Krustenanemonenart aus den Gattungen *Zoanthus* und *Protopalythoa* konnte ich eine derart starke Polypenkontraktion erleben, und hinzu kommt, dass dieses Zusammenziehen immer mit der Absonderung eines glasklaren, schleimigen Sekrets einhergeht, das aus dem Inneren des Polypen nach außen gepresst wird. Dieses Sekret ist hochtoxisch, denn es enthält das Palytoxin, eine der giftigsten Substanzen im Tierreich. Zwar ist dieses Sekret für den Menschen nur gefährlich, wenn es durch eine Hautwunde in den Körper gelangt, doch dies geschieht, wie ich aus zahlreichen eigenen Erfahrungen weiß, außerordentlich leicht, und dazu reichen auch winzigste Verletzungen aus, die man selbst gar nicht bemerkt.

Bisher ist nicht bekannt, welche der einzelnen Krustenanemonenarten das hochgiftige Palytoxin besitzen, aber man muss zumindest davon ausgehen, dass es alle *Palythoa*- und *Protopalythoa*-Arten sind. Prof. Dietrich MEBS illustriert seine Fall-

Kaum eine Stelle des 6.000 l fassenden Riffaquariums war frei von Krustenanemonen, und im Basisbereich von Steinkorallen war das lebende Gewebe meist durch diesen „Trojaner" geschädigt worden.

beschreibung einer Palytoxin-Vergiftung mit *Palythoa caesia*, einer Polypenkolonie mit gemeinsamer Leibesmasse (MEBS 2000). Doch wenn wir bedenken, dass die inzwischen zur Gattung *Protopalythoa* gestellten Polypen sich bis vor einiger Zeit in der Gattung *Palythoa* befanden (was in vielen Fachbüchern auch heute noch unverändert der Fall ist), dann wird klar, dass man vorsichtshalber auch allen *Protopalythoa*-Arten den Besitz dieses Giftes unterstellen sollte.

Bei Palytoxin handelt es sich um ein Gift, von dem nach MEBS bei intravenöser Injektion im Mäuseversuch bereits 10 Nanogramm (Milliardstel Gramm) pro Kilogramm Körpergewicht letal waren! Ein Mikrogramm (Millionstel Gramm) wäre also, intravenös verabreicht, für einen erwachsenen Mann mit 100 kg Körpergewicht bereits tödlich! Angesichts dieser enormen Giftwirkung darf man über das Gefahrenpotenzial, das gerade in der heutigen Zeit in einer solchen Substanz in vielen unserer Riffaquarien steckt, nicht einmal laut nachdenken. Geriet das Sekret meiner Krus-

tenanemonen bei Arbeiten im Aquarium unverdünnt durch eine nadelstichähnliche Verletzung ca. zwei Millimeter tief unter die Haut, dann entwickelte sich durch zytolytische (zellauflösende) Vorgänge eine Gewebsnekrose mit ca. 5 mm Durchmesser und Tiefe, die erst nach vielen Wochen durch neu gebildetes Gewebe verheilte. Geschah dies an den Händen, dann kamen stärkste Anschwellungen mit vollständiger Bewegungseinschränkung und Schmerzen hinzu. Ein Spritzer, der in ein Auge gelangte, führte trotz sofortiger und gründlicher Spülung neben anderen Begleiterscheinungen zu einer tagelangen vollständigen milchigen Trübung der Hornhaut (starke Entzündung der Hornhaut mit oberflächlicher Läsion) und dem zwar nur vorübergehenden, aber vollständigen Verlust der Sehkraft. Aber selbst die mit 6.000 l Aquarienwasser verdünnten Sekrete der Krustenanemonen, die durch winzige unbemerkte Verletzungen (z. B. versehentliches Scheuern an einem *Acropora*-Ast) in die Haut gelangten, verursachten dort noch schmerzhafte Entzündungen.

Die Mundscheiben der Krustenanemonen schwollen zu enormer Größe an, und die Körpersäulen erreichten Rekordlängen.

Das bedeutet, dass man sich auch durch Latexhandschuhe nicht sicher schützen kann.

Ich beschreibe meine Erfahrungen mit diesen Polypen so drastisch, weil ich der Überzeugung bin, dass es sich dabei um ganz außergewöhnlich giftige und damit gefährliche Wirbellose handelt, die wir in vielen Aquarien pflegen, und das sollte nicht arglos und unvorsichtig geschehen. Ich will diese hübschen Aquarienbewohner nicht verteufeln und durchaus nicht grundsätzlich davon abraten, Krustenanemonen im Aquarium zu halten, zumal sie nicht nur schön, sondern auch sehr robust und pflegeleicht sind. Doch man sollte sich immer der Tatsache bewusst sein, dass es sich bei einigen Arten um hochgiftige Tiere handelt, von denen eigentlich jeder einzelne Polyp ein Warnschild mit der Aufschrift „Vorsicht, ich bin klein, aber gefährlich" umgehängt haben müsste.

Warum diese Krustenanemonen eine so hochgiftige Substanz in ihrem Gewebe anreichern, das übrigens von Bakterien erzeugt wird, ist noch nicht bekannt. Prof. Dietrich MEBS (pers. Mittlg.) vermutet, dass Palytoxin im Meer schon sehr lange vorkommt und marine Organismen darum Zeit hatten, eine große Gifttoleranz zu entwickeln. Landtiere hingegen kamen viel später mit dieser Substanz in Kontakt, so dass bei ihnen eine weitaus geringere Toleranz zu erwarten ist. Das würde die äußerst starke Giftwirkung auf den menschlichen Organismus erklären.

Vermehrungsfördernde Faktoren

Ähnlich wie bei „Anemonia" cf. manjano hatte ich bei dieser invasiven Krustenanemone das Gefühl, dass sie das Freiwerden einer ökologischen Nische erkennt und durch rasante Vermehrung ausnutzt. Wie im ersten Teil des Buches ausführlich geschildert, entwickelten sich in meinem 6.000-l-Riffbecken riesige, flächendeckende „Protopalythoa-Teppiche", die Gestein und Bodengrund überzogen. Auch das vollständige Absaugen der obersten Bodengrundschicht mitsamt der vorhandenen Krustenanemonen-Decke konnte das Problem nicht lösen, denn schon nach wenigen Wochen waren vereinzelt vorhandene Restpolypen im Bodengrund wieder zu einer geschlossenen Population herangewachsen. Dabei erfolgte die Vermehrung zumeist durch eine Längsteilung der Körpersäule, was die enorme Vermehrungsrate und die rapide Zunahme der Polypenzahl erklärt. Schwebenahrung kann dies sicher fördern, ist nach meinen Beobachtungen aber nicht der entscheidende Faktor.

Ich habe andere Aquarien gesehen, in denen diese Krustenanemonenart dieselben Probleme verursachte. Allerdings gibt es auch Becken, in denen sie vorhanden ist und weitgehend stagniert. Selbst in meinem Aquarium existierte sie vor der Massenvermehrung bereits lange Zeit existiert, ohne sich erkennbar zu vervielfachen, zumindest nicht stärker, als dies andere Krustenanemonen tun. Und auch meine dringende Warnung an meinen Freund Joe Yaiullo, der in seinem

Durch Längsteilung vermehrten sich diese Krustenanemonen rasant und erzeugten sehr schnell dichte Polypenmatten.

Bei manueller Reizung zogen sich die Polypen stärker zusammen als bei Krustenanemonen üblicherweise zu beobachten. Dabei sonderten sie ein glasiges Schleimsekret ab, das die hochgiftige Substanz Palytoxin enthielt.

80.000-l-Riffbecken im Atlantis Marine World dieselbe Art pflegte, war umsonst, denn selbst Jahre später hatte sie sich dort nicht so invasiv ausgebreitet, wie ich das vorhergesagt hatte. Vielleicht liegt es an der größeren Artenvielfalt in seinem Becken, die diesen Krustenanemonen keine große ökologische Nische offen lässt.

Vorbeugung, Kontrolle, Bekämpfung

Das mechanische Entfernen der Krustenanemonen ist sehr problematisch, weil die verletzten Polypen dabei viel Sekret abgeben, das sich im Wasser zu toxischen Konzentrationen anreichert. Bei meinen eigenen ersten Versuchen dieser Art im 6.000-l-Becken wurden verschiedene Steinkorallen stark geschädigt. Interessanterweise waren die Verluste jedoch artabhängig. Am empfindlichsten reagierten alle *Hydnophora-exesa*-Stöcke: Über Nacht starben sie alle und hinterließen nur ein kreideweißes Skelett. Ähnlich heftig reagierten in dem Aquarium alle drei *Pavona*-Arten, wenngleich hier keine Totalverluste auftraten (Mortalität bei *P. cactus* und *P. decussata* etwa 80 %, bei *P. clavus* etwa 40 %). Auch Stöcke einer foliös wachsenden *Montipora*-Art (*M. capricornis?*) verloren ihr vitales Gewebe vollständig. Ebenfalls sehr empfindlich reagierten zahlreiche *M.-digitata*-Kolonien. Einige verendeten innerhalb von 12 Stunden völlig, andere verloren nur an den Astenden ihr Gewebe. Diese Unterschiede bei

den Stöcken, die alle von einem Fragment abstammten und daher genetisch identisch waren, sind vermutlich auf eine ungleiche Verteilung des Krustenanemonensekretes im Aquarienwasser zurückzuführen. Ebenfalls sehr empfindlich reagierten *Stylophora*- und *Pocillopora*-Arten.

Als Fraßgift scheint Palytoxin nur bedingt geeignet zu sein, werden doch die Krustenanemonen von verschiedenen Tieren trotzdem verzehrt, z. B. von Polychaeten wie dem Feuerborstenwurm (*Hermodice carunculata*), von Falterfischen, Kaiserfischen, Krabben und verschiedenen Gehäuseschnecken. Durch Speisefische, die solche Krustenanemonen fressen (z. B. Drückerfische oder Papageifische), kann Palytoxin in die Nahrungskette gelangen; in der Literatur sind schwere, bisweilen sogar tödliche Palytoxinvergiftungen beschrieben. Fujiki et al. (1986) bewiesen sogar die wachstumssteigernde Wirkung von Palytoxin auf Hauttumore im Mäuseversuch, weshalb diese giftige Substanz heute zu den stark kanzerogenen, also Krebs erregenden Stoffen gezählt wird. Auch das sollte beim Umgang mit diesen Krustenanemonen zu äußerster Vorsicht mahnen.

Eine Bekämpfung dieser Krustenanemonenart durch Räuberdruck war bisher leider nicht effektiv. Das mag bei *Zoanthus*-Arten oder *Protopalythoa*-Arten mit geringerem Vermehrungspotenzial funktionieren, doch bei der hier beschriebenen Art ist die Vermehrung so stark, dass ein Räuber bei effektivem Konsum größte Toxinmengen anreichern würde. Wir dürfen nicht vergessen, dass ein Räuber, der gelegentlich einen solchen Polypen anzupft und verschlingt, mit großer Wahrscheinlichkeit nicht völlig immun gegen das Gift ist. Er kann es bis zu einem gewissen Grad tolerieren, doch ein solches Tier vermag sich wohl keinesfalls allein von Krustenanemonen ernähren. Zwar naschen manche Kaiserfische gelegentlich an Krustenanemonen, und manche fressen sie auch in größerer Zahl, doch zumindest bei der vorgestellten Art kann die Vermehrung so rasant sein, dass die Fraßverluste sehr schnell ausgeglichen werden. Auch der versuchsweise Einsatz von Gehäuseschnecken (*Heliacus variegatus*) erwies sich nicht als brauch-

Einzelpolypen kann man entfernen, indem man sie basisnah abschneidet, während man sie mit einem Schlauch absaugt. Eine weitere Möglichkeit wird im dritten Teil des Buches im Kapitel „Mechanische Kontrolle" vorgestellt.

bare Lösung, weil der Appetit dieser Schnecken sehr viel geringer war als die Reproduktionsrate der Krustenanemonen. In einem Versuchsbecken hielt ich die Schnecke auf einer kleinen Kolonie: Trotz des kontinuierlichen Fraßverlustes vermehrten sich die Polypen dennoch rasant. MEBS (2000) gibt als Krustenanemonenräuber den Feilenfisch *Alutera scripta* an. Ich hatte ihn nicht zur Verfügung, um dies im Aquarium zu bestätigen, doch selbst wenn mit ihm die Bekämpfung wirklich gelänge, könnte sich die fortwährende Sekretfreisetzung aus den zerrissenen Polypen sehr negativ auf den Steinkorallenbestand auswirken.

Am einfachsten ist die Bekämpfung, wenn Sie im Aquarium unzementiertes Gestein haben, das mitsamt der Krustenanemonenpopulation herausgenommen werden kann, so dass Sie gar nicht unter Wasser an den Polypen herumzupfen oder -bürsten müssen. Oft ist es erheblich einfacher, erwünschte Korallen vom Substratgestein abzutrennen und einfach auf neues Lebendge-

stein zu setzen, als die Krustenanemonen von den Steinen zu lösen.

Im Aquarium festzementierte Steine können Sie von Polypen befreien, indem Sie mit einem dünnen Schlauch (ca. 9 mm Innendurchmesser) die Polypen einzeln ansaugen und sie mit einer kleinen, scharfen Schere abschneiden, möglichst nah an der Basis. Das funktioniert auch mit einem scharfen Skalpell einigermaßen, doch eine Schere ist besser geeignet. Alternativ dazu können Sie auch eine selbst gebaute Vorrichtung zum Abschneiden oder Abschaben direkt am Schlauch befestigen. Achten Sie jedoch darauf, dass die Polypen möglichst basisnah abgetrennt werden, damit wenig von dem Sekret in das Freiwasser gelangt. Frei werdende Sekrete sollten Sie dabei so gut wie möglich mit absaugen. Anschließend werden die Polypenreste mit einer harten Zahnbürste abgeschrubbt. Auch dabei sollten Sie frei werdende Sekrete mit dem Schlauch absaugen. Mit dem Kopf der Zahnbürste gelangen Sie möglicherweise besser an das Substrat, wenn Sie den Griff der Zahnbürste erhitzen und entsprechend biegen.

Um das spätere Heranwachsen der Polypen aus kleinen Resten zu verhindern, sollte Kalziumhydroxid mit Wasser zu einem dicken Brei gemischt und im Mikrowellenherd kurz erhitzt werden, so dass der Brei eine pastöse Konsistenz bekommt, wie unter dem Stichwort „Dicke Kalkpaste" im Kapitel „Chemische Kontrolle" beschrieben.

Diese Masse wird mit einer Injektionsspritze so auf den Geweberesten verteilt, dass eine möglichst geschlossene Decke entsteht. Das Ganze am besten mit einem flachen Stein abdecken, so dass weder die Wasserströmung noch die Fische daran können. Belässt man diese Schicht einige Tage auf der Gesteinsoberfläche, dann ist kaum noch mit dem Nachwachsen von Polypen zu rechnen. Bei den intakten Polypen dagegen führte diese Kalziumhydroxid-Methode selbst nach mehrmaliger Anwendung nur zu einer vorübergehenden Ausbleichung und Schwächung, wovon sie sich jedoch rasch wieder erholten. Sie müssen die Polypen also zuvor mechanisch weitestgehend entfernen.

Korallenarten, die auf das Toxin dieser Krustenanemone erfahrungsgemäß besonders empfindlich reagieren, sollten Sie vor der Behandlung aus dem Becken nehmen und für einige Tage in ein anderes Aquarium setzen. Zuvor müssen diese Stöcke natürlich gründlich auf Krustenanemonen untersucht werden.

Achten Sie auf Ihre Sicherheit

- Tragen Sie beim Entfernen der Krustenanemonen unbedingt Handschuhe, am besten lange Latexhandschuhe mit Unterarmschutz. Auch wenn die Krustenanemonen nur aus dem Wasser gehoben werden, geben sie bereits viel Schleimsekret ab. Greift man am feuchten Gestein auf eine scharfe Kante, so dass die Haut verletzt wird, dann ist eine heftige Gewebsentzündung zu befürchten.
- Palytoxin ist sehr hitzebeständig und wird selbst durch Kochen nicht zerstört. Darum nützt es

nach einer Verletzung und Verunreinigung mit dem toxischen Sekret nichts, die verletzte Hand unter sehr warmes Wasser zu halten.
- Palytoxin ist besonders gefährlich für das Auge. Darum sollten Sie beim Abzupfen von Krustenanemonen mit einer Pinzette außerhalb des Wassers größte Vorsicht walten lassen. Schützen Sie unbedingt Ihre Augen durch das Tragen einer Schutzbrille gegen Sekretspritzer, denn häufig zerplatzen die Polypen beim Ergreifen mit der Pinzette.
- Berühren Sie während der Arbeiten niemals ihr Gesicht mit den Händen, damit kein Sekret in Augennähe gelangt.
- Waschen Sie nach den Arbeiten Hände und Unterarme gründlich mit Seife, um eventuell vorhandene Sekretreste zu entfernen.

Scheibenanemonen (*Discosoma*, *Rhodactis*)

Systematik

Die Systematik der Scheibenanemonen ist nicht sehr differenziert entwickelt, so dass noch viel Unsicherheit besteht, insbesondere bei der Gattung *Discosoma* (vgl. KNOP 2008d), weshalb hier keine Arten genannt werden können. Prinzipiell entwickelt sich eine überschießende Vermehrung gelegentlich bei Scheibenanemonen der Gattungen *Discosoma* und *Rhodactis*. Vereinzelt wurde dies auch von *Ricordea yuma* berichtet, doch nahm es nicht so extreme Ausmaße an wie bei den zwei vorgenannten Gattungen.

Beschreibung

Scheibenanemonen gelten als robuste, aber auch wenig nesselstarke Wirbellose, die sich moderat vermehren und weitgehend harmlos sind. Prinzipiell stimmt das auch, doch gelegentlich kommt es zu einer geradezu abenteuerlichen Populationszunahme, die viele andere sessile Wirbellose im Aquarium massiv zurückdrängen und so die Artenbalance im Aquarium verschieben kann. In solchen Fällen kann der gesamte Bodengrund von den Polypen bedeckt sein, und diese drücken sich in Steinkorallenkolonien hinein,

Die invasiv wuchernden *Discosoma*-Scheibenanemonen wurden durch eine alkalische Verätzung vernichtet (siehe Teil 3, Chemische Kontrolle).

schatten deren Skelett mit dem lebenden Gewebe ab und wirken sicher auch mit ihren Körpersekreten auf diese Korallen ein, um sie innerhalb weniger Wochen abzutöten. Die Skelette werden dann sehr schnell sekundär besiedelt.

Vermehrungsfördernde Faktoren

Nach meinen eigenen Erfahrungen mit einer dramatischen *Discosoma*-Vermehrung in einem 6.000-l-Riffbecken kann das Freiwerden einer ökologischen Nische durch das radikale Entfernen einer zuvor individuenreich vorhandenen Art ein Auslöser für diese Vermehrung sein, und je häufiger und intensiver die Sekrete von zerrissenen oder zerquetschten Scheibenanemonen ins Freiwasser gelangen, umso mehr steigert sich die Reproduktionsrate. Erkennbar wurde für mich die Bereitschaft dieser Scheibenanemonen zur Massenvermehrung an der gleichzeitigen Größenzunahme der Einzelpolypen. Während die Exemplare dieser grün gestreifte und aquaristisch sehr verbreitete Art normalerweise einen Mundscheibendurchmesser von rund 6 cm besitzen, im Ausnahmefall auch einmal bis 8 cm, pumpten viele Einzelpolypen sich nun plötzlich auf fast das Doppelte auf. Bei den größten dieser *Discosoma*-Polypen maß ich Mundscheibendurchmesser von 15 cm, und das war kein Einzelfall, sondern eine oft anzutreffende Größe.

Vorbeugung, Kontrolle, Bekämpfung
Sofern sich die Scheibenanemonen auf dem Bodengrund befinden, kann man sie natürlich absammeln. Auf dem Gestein ist dies jedoch kaum möglich, und hier eignet sich eine alkalische Verätzung mit Kalziumhydroxid, das jedoch in das Körpergewebe hineingespritzt werden muss. Im Fall meines Riffbeckens war es zwar leicht, eine geschlossene Polypendecke mit einer solchen Behandlung zum Verschwinden zu bringen, doch in der Tiefe der Steinkorallenskelette fanden sich regelmäßig winzige Polypen, aus denen die Scheibenanemonenkolonie dann innerhalb von rund sechs Wochen wieder nachwuchs. Meist waren wenigstens zwei Wiederholungen der Behandlung nötig, um eine Fläche wirklich vollständig von der Scheibenanemone zu befreien, denn diese Polypen waren in extremem Ausmaß dazu in der Lage, Verletzungen auszuheilen und verlorene Körperanteile zu regenerieren. Wichtig ist, dass man mit der Kanüle nicht in den Gastralraum gelangt, denn wenn das Material hier deponiert wird, stößt es der Polyp durch die Mundöffnung wieder aus, ohne nennenswert Schaden zu nehmen.

Cnidaria – Octocorallia (Achtstrahlige Blumentiere)

Acrossota amboinensis

Systematik
Diese Art begegnete mir zuerst in einem Händleraquarium, als ihr wissenschaftlich korrekter Name noch unsicher war, denn sie war zweimal unter verschiedenen Namen beschrieben worden: *Clavularia amboinensis* BURCHARDT, 1902 und *Acrossota liposclera* BOURNE, 1914. Eine Untersuchung durch Dr. Phil ALDERSLADE und Prof. Cathy McFADDEN stellte schließlich fest, dass die richtige Zuordnung *Acrossota amboinensis* lautet (ALDERSLADE &

McFADDEN 2007). Später fand ich diese Koralle auch in Indonesien und auf den Philippinen, jedoch stets in winzig kleinen Polypengruppen, die niemals größere Ausmaße erreichten. Seit 2007 schließlich taucht sie öfter in Aquarien auf, und in einigen Riffaquarien in Polen und Deutschland hat sie regelrechte Massenvermehrungen entwickelt.

Beschreibung
Acrossota amboinensis ist die bisher einzige bekannte Oktokoralle, der Fiedern an den Tentakeln vollständig fehlen. Eigentlich sind die einzeln stehenden, seitlichen Fortsätze an den Tentakeln ein Kennzeichen für Korallen der Unterordnung Octocorallia, doch es gibt Ausnahmen: Einige *Briareum*-Arten haben sehr kurze Fiedern, die aber stets in Form winziger Ausbuchtungen zu sehen sind, wenn man genau hinschaut. *Knopia octocontacanalis*, außerdem eine weitere Weichkoralle, die wissenschaftlich noch nicht beschrieben ist, sowie eine ebenfalls noch unbeschriebene *Tubipora*-Art besitzen fusionierende Fiedern an den Tentakeln, die paddelartig zusammengewachsen sind, also nicht einzeln stehen. Und die hier beschriebene *Acrossota amboinensis* verzichtet ganz auf die Fiedern. So gesehen hat diese Koralle einen Sonderstatus innerhalb der Octocorallia, was auch durch die eigene Familie Acrossotidae deutlich wird, in der sich nur diese eine Gattung mit einer Art befindet. Die jeweils acht Tentakel der Polypen sind schlauchförmig und dadurch so charakteristisch, dass die Art sehr leicht zu erkennen ist.

Vermehrungsfördernde Faktoren
Nach meinen Erfahrungen ist es der fehlende Gegendruck durch andere Arten, der diese Koralle zu starker Vermehrung veranlasst, weil dies eine ökologische Nische signalisiert. Sobald ihre Gesamtkörpermasse die anderer Arten im Aquarium übersteigt, kann sie das Aquarienmilieu so weit bestimmen, dass andere vorhandene Arten zurückgedrängt werden, weil sie mehr Energie in ihre Verteidigung investieren müssen. Im ersten Teil des Buches wurden diese Zusammenhänge ausführlicher erläutert.

Acrossota amboinensis kann sich im Aquarium dramatisch vermehren und dichte Polypenbestände erzeugen. Hier konkurriert sie mit einer *Anthelia*-Art.

Vorbeugung, Kontrolle, Bekämpfung

Das mechanische Entfernen dieser dünnen Polypen ist schwierig und bringt in jedem Fall viel der Sekrete ins Freiwasser, die anderen Polypen Fraßverluste signalisieren, so dass deren Vermehrung noch gesteigert werden kann. Die einzige Möglichkeit, die ich sehe, um diese Art zu kontrollieren, ist das flächige Abdecken mit dicker Kalziumhydroxid-Milch, also die alkalische Verätzung. Auch die Anwendung als „dicke Kalkpaste", d. h. nach vorheriger Behandlung der Kalziumhydroxid-Milch im Mikrowellenherd, ist sinnvoll (Stichwort „Alkalische Verätzung" im Kapitel „Chemische Kontrolle"). Wichtig ist hier jedoch, dass die betreffenden Partien zunächst rund zwei Stunden bei abgeschalteter Strömung ruhen und anschließend die Fläche möglichst noch wenigstens einen Tag lang mit einem flachen Stein abgedeckt wird, bevor man die Strömung wieder einschaltet, damit die Substanzen weiterhin wirken können. Das Ganze erfolgt natürlich unter sorgfältiger pH-Kontrolle.

Die wissenschaftlich noch unbeschriebene Koralle, die vorläufig als „*Cervera*" bezeichnet wurde, wuchert hier im Aquarium von Matthias Paul.

Unbeschriebener Octocorallia-Vertreter („*Cervera*")

Systematik

ALDERSLADE und FABRICIUS platzierten diese Koralle in der Gattung *Cervera* (2000), schrieben jedoch dazu, dass diese Zuordnung zweifelhaft sei. Phil ALDERSLADE (pers. Mittlg.) wies darauf hin, dass eine korrekte Zuordnung vor allem wegen des Fehlens von Skleriten problematisch sei. Nähere Untersuchungen erbrachten, dass die Art wissenschaftlich noch unbeschrieben ist, und nachdem ich Typenmaterial konservieren konnte, sind derzeit DNA-Untersuchungen sowie Vorbereitungen zur wissenschaftlichen Erstbeschreibung im Gange, und es ist durchaus denkbar, dass diese Art eine eigene, neue Gattung erhalten wird.

Neben dem Lineal ist zu erkennen, dass die Polypen, die in der Form große Ähnlichkeit mit einer *Clavularia* haben, einen Gesamtdurchmesser von 6 mm selten überschreiten.

Beschreibung

Diese Koralle hat äußerlich große Ähnlichkeit mit Vertretern der Gattung *Clavularia*, nicht nur in ihrem Polypenbild mit den deutlich erkennba-

Diese beiden Aufnahmen zeigen das Zurückziehen der Polypen in die röhrenförmige Struktur, die als Calyx bezeichnet wird. Sie sitzt auf einem netzähnlichen Stolonengeflecht.

ren Fiedern an den Tentakeln, sondern auch im Hinblick auf das Stolonengeflecht, das sie im Basisbereich bildet. Die Polypen sind retraktil, ziehen sich also durch eine Einstülpung (Invagination) in einen röhrenförmigen Basisanteil zurück. Stolonen kriechen über das Substrat, befestigen sich dort und treiben schließlich neue Polypen aus. Der wesentliche Unterschied ist die geringe Größe, denn der Durchmesser des Gesamtpolypen erreicht höchstens 6 mm. Diese Koralle kann sich im Aquarium großflächig ausdehnen, überzieht jedoch nach bisherigen Beobachtungen oft nicht vitales Gewebe anderer Korallen, sondern beschränkt sich auf das freie Substrat. Darum ist fraglich, ob sie bei starker Ausdehnung im Aquarium tatsächlich die Artenbalance verschieben kann.

Vermehrungsfördernde Faktoren

Ausreichend freies Substrat, das weder von Algen noch von Korallen besiedelt ist, scheint dieser Koralle gute Wachstumsmöglichkeiten zu bieten. Befinden sich auf dem Substrat Algen, die von herbivoren Fischen regelmäßig abgeweidet werden, dann kann sie sich nicht ungestört vermehren. Wächst diese Koralle zu einem dichten Überzug heran, dann kommt es oft vor, dass ganze knäuelartige Polypengruppen ins Freiwasser wachsen, sich dort von der Wasserströmung hin- und herzerren lassen, bis sie schließlich abreißen, um zu verdriften und sich anderswo im Becken anzusiedeln.

Vorbeugung, Kontrolle, Bekämpfung

Eine alkalische Verätzung durch flächig aufgetragene, dicke Kalziumhydroxid-Milch kann diese Koralle in umschriebenen Zonen vernichten („Alkalische Verätzung", Kapitel „Chemische Kontrolle"). Hat man einen Befall in großen Teilen des Aquariums, dann muss man mit zahlreichen Einzelbehandlungen vorgehen und sich nach und nach mit jeweils einigen Tagen Abstand durch das gesamte Becken arbeiten.

Xenia-Arten (Familie Xeniidae)

Systematik

Vertreter der Gattung *Xenia* sind aquaristisch kaum auf Artebene bekannt, und der Aquarianer hat praktisch keine Möglichkeit, die Artbestimmung sicher durchzuführen. Unterscheidbar ist diese Gattung von den ähnlichen Gattungen *Anthelia* und *Cespitularia* dadurch, dass sie einen Stamm ausbildet, der die Polypen trägt. Anthelien treiben die Polypen direkt aus einer dünnen Basalschicht aus, die das Substrat überzieht, und Cespitularien bilden auf dem Stamm zahlreiche Äste, auf denen schließlich die Polypen sitzen. Wovon allerdings noch keine zu starke Vermehrung berichtet wurde, das sind die Vertreter der sehr ähnlichen Gattung *Heteroxenia*, die zusätzlich zu den langen autozooiden Polypen noch Siphonozooide besitzt, kurze Polypen, die die Aufgabe haben, in der Tiefe des Gewebes den Gasaustausch zu verbessern.

Xenia-Weichkorallen können regelrecht wuchern und dabei alles überziehen, was sich ihnen in den Weg stellt.

Beschreibung

Kaum jemand hätte sich vor 20 Jahren vorstellen können, dass die überschießende Vermehrung der Gattung *Xenia* einmal zum Problem werden könnte. Und das ist auch durchaus nicht etwas, das man den Korallen dieser Gattung prinzipiell zum Vorwurf machen könnte, denn in vielen Aquarien lassen sie sich nur schwer etablieren und noch schwieriger dauerhaft halten. Meist ist es recht leicht, sie einzugewöhnen, wenn das Aquarium noch relativ frisch eingerichtet ist und das Wasser noch reich an mineralischen Substanzen. Je mehr es aber schließlich an wichtigen Spurenelementen verarmt, umso schwieriger fällt es den Xenien, ihr Wachstum aufrechtzuerhalten, und meist gehen die Populationen dann schnell zurück.

Vermehrungsfördernde Faktoren

Die Verfügbarkeit aller wichtigen mineralischen Elemente, insbesondere diverser Spurenelemente, scheint für Xenien überlebenswichtig zu sein. Darum kann man regelmäßige Teilwasserwechsel als Mittel sehen, ihnen die Vermehrung zu erleichtern – gewollt oder ungewollt.

Vorbeugung, Kontrolle, Bekämpfung

Der Einsatz großer Mengen von Aktivkohle, der die Wasserbedingungen drastisch verändert und neben unerwünschten Substanzen auch nützliche bzw. wichtige mineralische Stoffe reduziert, kann dem Wachstum der Xenien entgegenwirken. In vielen Fällen brach allein durch üppigen Aktivkohleeinsatz eine ganze *Xenia*-Population zusammen. *Xenia*-Weichkorallen lassen sich al-

Auch in der Natur neigen *Xenia*-Weichkorallen als typische Sekundärbesiedler dazu, sich zwischen vitalen Steinkorallen invasiv auszubreiten.

gelmäßig große Mengen abernten und vernichten, doch ich meine, dass gerade bei einer so reizvollen Koralle andere Wege gefunden werden sollten, sich der Korallen zu entledigen. Gerade in Zeiten der Internetnutzung sollten sich Liebhaber ausmachen lassen, denen man mit kostenfrei oder -günstig abgegebenen *Xenia*-Weichkorallen große Freude bereiten kann.

Anthelia- und *Sansibia*-Arten (Familie Xeniidae)

Systematik

Bei den Vertretern der Gattung *Anthelia* ist es ähnlich wie bei jenen der Gattung *Xenia*: Es bereitet Schwierigkeiten, eine Artbestimmung mit aquaristischen Mitteln durchzuführen. Die Gattungsbestimmung jedoch ist leicht, wenn man einmal davon absieht, dass Korallen der Gattung *Sansibia*, die Dr. Phil ALDERSLADE im Jahr 2000 aufstellte, einigen *Anthelia*-Arten äußerlich täuschend ähnlich sehen.

Beschreibung

Anthelia-Arten treiben Polypen aus einer flachen Basalschicht. Verwechseln kann man sie bei flüchtigem Betrachten mit *Clavularia*-Arten, die sehr ähnliche Polypen besitzen, doch ein Blick auf die Basalschicht, die aus einem flachen, membranartigen Gewebe besteht, unterscheidet sie von der Gattung *Clavularia*, die an dieser Stelle ein Röh-

Unter günstigen Umgebungsbedingungen wachsen *Xenia*-Weichkorallen auch auf einem Porzellanteller oder einer Hornkoralle.

lerdings relativ leicht manuell entfernen, so dass es kaum nötig sein sollte, chemische Maßnahmen einzusetzen. Zwar lernte ich mehrere Aquarianer kennen, denen ihre *Xenia*-Bestände im Riffbecken so lästig geworden sind, dass sie re-

Anthelien können sich unter günstigen Bedingungen durch rasantes Wachstum dramatisch ausbreiten und andere Arten zurückdrängen. Die gezeigte Art mit den dünnen Polypen neigt jedoch weitaus weniger zu invasivem Wuchs als die mit den dickeren Polypen, bei der es sich auch um eine *Sansibia* handeln könnte (eine sichere Unterscheidung dieser beiden Gattungen ist nur durch die mikroskopische Untersuchung der Sklerite möglich)

rengeflecht aufweist. Korallen der Gattung *Sarcothelia* zeigen zwar die gleiche Wuchsweise wie *Anthelia*, sind jedoch erheblich kleiner, so dass Verwechslungen praktisch auszuschließen sind.

Vermehrungsfördernde Faktoren

Korallen der Gattungen *Anthelia* respektive *Sansibia* können durchaus im Aquarium dominant werden, und im Gegensatz zu Exemplaren aus der Gattung *Xenia*, die mit ihren langen Stämme aus weichem Gewebe sehr leicht manuell zu entfernen sind, kann dies bei *Anthelia* und *Sansibia* schwierig werden, weil man ihre Basalschicht vom Gestein rückstandsfrei entfernen muss. Das macht ihnen das Expandieren leichter als den

Xenien. Förderlich für ihr Wachstum ist ihre Dominanz im Becken, die dazu führt, dass andere Arten über freigesetzte Sekrete und insbesondere Nesselgifte zurückgedrängt werden. Man sollte insbesondere vermeiden, diese Art in der Nähe von Pumpenauslaufstutzen wachsen zu lassen, wo ihre Polypen fortwährend in der Strömung „flattern", weil sie dadurch ihre Sekrete ständig im Wasser verteilen.

Vorbeugung, Kontrolle, Bekämpfung

Von sehr glattem Gestein kann man die Basalschicht einer *Anthelia*-Kolonie bisweilen mitsamt den kontrahierten Polypen wie eine Folie abziehen, doch wenn die Kalksteinoberfläche strukturiert ist, gelingt dies kaum. Dann bleibt nur eine alkalische Verätzung mit Hilfe einer Schicht aus Kalziumhydroxid-Milch, die man nach Abschalten der Strömung aufbringt und 1–2 Stunden lang einwirken lässt (siehe Kapitel „Chemische Kontrolle").

Sarcothelia edmondsoni (Familie Xeniidae)

Systematik

Diese Koralle taucht seit einigen Jahren regelmäßig in Aquarien auf und wächst dort zu großen Populationen heran. Ursprünglich war diese Art nur aus Hawaii bekannt und nicht aus dem zentralen Indopazifik, doch nachdem sie mehr und mehr auf Lebendgestein oder Korallensubstrat aus Indonesien zu finden war, sandte ich Proben zur Überprüfung an den Weichkorallen-Taxonomen Dr. Philip ALDERSLADE, und es zeigte sich, dass es sich dabei tatsächlich um die seit Jahrzehnten bekannte *Sarcothelia edmondsoni* handelt, deren Verbreitungsgebiet deutlich größer ist als bisher angenommen. Allerdings stehen während des Verfassens dieser Zeilen DNA-Analysen und weitere Untersuchungen noch aus.

Beschreibung

Sarcothelia edmondsoni sieht aus wie eine winzig kleine *Anthelia*. Charakteristisch ist ein bläulicher Schimmer der Polypen, der umso kräftiger

Sarcothelia edmondsoni kann ebenso invasiv wachsen wie viele andere Xeniidae-Vertreter und ist weltweit in zahlreichen Riffaquarien zum Problem geworden. Die Wachstumsreihe zeigt die Ausbreitungsgeschwindigkeit auf einer Glasscheibe (links beim Scheibenreinigen mechanisch geschädigt). Gleichfalls ist zu sehen, dass die zunächst geschlossene Gewebeschicht am Substrat im Lauf der Zeit zwischen den Polypen Lücken bekommt, so dass sie Ähnlichkeit mit einem Netzgeflecht bekommt, doch es handelt sich dabei nicht um ein Stolonennetzwerk (wie bei den Clavulariidae-Vertretern), sondern um Überbleibsel einer anfangs geschlossenen Schicht wie bei der verwandten Gattung *Anthelia*.

wird, je mehr sie sich kontrahieren. Die Polypen sind kontraktil, können sich also nur zusammenziehen und nicht in einen röhrenförmigen Basisanteil hinein zurückziehen. Die Koralle bildet eine zunächst flächige Basalschicht, aus der zunehmend neue Polypen sprossen. Im Lauf der Zeit wird diese Schicht dann lückenhaft, so dass sie netzähnlich erscheint, doch es handelt sich

dabei nicht um ein Stolonengeflecht, sondern, analog zur Gattung *Anthelia*, um die Reste einer ehemals geschlossenen Basalschicht.

Vermehrungsfördernde Faktoren
Freies Siedlungssubstrat im Aquarium, auf dem sich weder Korallen noch Algen befinden, verbessert die Chancen dieser Art, sich zu verbrei-

ten. Kleine Polypengruppen können leicht mit der Wasserströmung verdriften und sich anderswo im Aquarium ansiedeln. Auf diese Weise kommt es rasch vor, dass die Koralle an vielen Stellen des Aquariums auftaucht.

Vorbeugung, Kontrolle, Bekämpfung
Die einfachste Möglichkeit, diese Koralle zu kontrollieren, ist das Abdecken überwachsener Flächen mit dicker Kalziumhydroxid-Milch, die wenigstens zwei Stunden lang bei abgeschalteter Strömung einwirken soll (siehe Kapitel „Chemische Kontrolle").

Briareum, Erythropodium

Systematik
Bei den Briareum-Arten handelt es sich im Gegensatz zur allgemeinen Ansicht in der Aquaristik nicht um Röhrenkorallen, sondern um Kalkachsenkorallen aus der Scleraxonia-Gruppe. Sie bilden zwar kein Achsenskelett, sondern eine dünne Basalschicht auf dem Substrat, aber dort, wo sie ins Freiwasser wachsen, erkennt man ansatzweise die Tendenz zur dreidimensionalen Wuchsweise (KNOP 2008e). Die Art Briareum asbestinum hat besonders dünne Polypen und kann mit Arten der verwandten Gattung Erythropodium verwechselt werden, deren Polypen allerdings noch feiner und dünner sind.

Beschreibung
Kalkachsenkorallen der Gattung Briareum sind relativ leicht zu erkennen, weil sie ein charakteristisches Polypenbild bieten, mit winzig kurzen Fiedern an den Tentakeln, so kurz, dass man sogar gelegentlich meinen könnte, sie wären nicht vorhanden, was der Koralle dann Ähnlichkeit mit der Gattung Acrossota verleiht. Bei genauer Betrachtung erkennt man sie dann aber doch in Form winziger Erhebungen. Die Basalschicht bildet eine zusammenhängende, fleischige und leicht violette Membran, aus der sich die meist gelblich braunen Polypen erheben. Die Gattung Erythropodium sieht im Prinzip ähnlich aus, und auch sie besitzt eine fleischige, rötlich violette

Briareum (hier B. asbestinum aus dem Roten Meer) schiebt seine dicke Basalschicht über das Substrat und lässt daraus Polypen wachsen.

Korallen der Gattung Briareum überwachsen unter günstigen Umgebungsbedingungen buchstäblich jede feste Oberfläche.

Basalschicht, aus der die oft haarfeinen Polypen sprießen.

Vermehrungsfördernde Faktoren
Korallen der Gattungen Briareum und Erythropodium neigen vor allem in Weichkorallenaquarien zu schnellem Wuchs, der ihnen rasch eine Dominanz über andere Arten verleiht. Sie überwuchern dann zahlreiche andere Arten und überziehen auch Pumpen, Kabel, Glasscheiben oder andere Korallen mit ihren hübschen Polypenpol-

Briareum asbestinum ist ein Brüter und kann parthenogenetisch (durch Jungfernzeugung) erzeugte Larven freisetzen, was im Aquarium auch oft zu beobachten ist. Ansiedlung und Weiterentwicklung dieser Larven sind jedoch nach vorliegenden Erkenntnissen noch nicht beobachtet worden. Es entwickelt sich also keine Massenvermehrung dieser Koralle.

Briareum-Arten sind sehr durchsetzungsfreudig und können zahlreiche andere Korallenarten überwuchern – hier *Pseudopterogorgia americanum*.

Erythropodium-Arten besitzen noch deutlich dünnere Polypen als *Briareum*.

stern. Die Dominanz einer *Briareum*-Art erkennt man vor allem an der großen Polypenzahl, die dann so hoch ist, dass diese sich auch bei kräftiger Wasserbewegung nicht mehr hin und her bewegen können.

Vorbeugung, Kontrolle, Bekämpfung

Wenn *Briareum*- oder *Erythropodium*-Arten im Aquarium regelrecht wuchern, dann kann man ihnen in der Regel nur mit Kalziumhydroxid Ein-

halt gebieten. Teile der Polypenkolonie lassen sich in solchen Fällen meist abreißen, denn bei starker Dominanz wächst zumindest *Briareum* regelmäßig in Form dicker, fleischiger Membranen ins Freiwasser. Doch dadurch kann man nur kleine Teile des Bewuchses entfernen, und die übrigen Anteile der Basalschicht haften meist fest am Substrat, vor allem, wenn dieses kräftig strukturiert ist. Nur eine alkalische Verätzung kann dann die großflächigen Polypenpolster vernichten (siehe Kapitel „Chemische Kontrolle").

Hydroidea (Hydratiere)

Myrionema amboinensis

Systematik

Myrionema amboinensis ist ein Hydroid aus der Ordnung Anthoathecata. Diese Art ist wahrscheinlich weltweit anzutreffen und findet sich im Indischen und Pazifischen Ozean ebenso wie im Atlantischen Ozean sowie im Mittelmeer. FOSSÅ & NILSEN (1995) fanden sie auf den Malediven in flachen Lagunen mit extrem starker Beleuchtung massenhaft. Die Polypen gehören zu jenen Organismen, die auf Booten und an vielen vom Menschen geschaffenen Gegenständen siedeln, auf allem, was ihnen Siedlungssubstrat bietet. Das Wachstum dieser Polypen auf der Unterseite von Booten könnte auch ihre weltweite Verbreitung erklären, denn fortwährend mögen sich – an jeweils unterschiedlichen Orten – kleine Teile dieser Kolonien abgelöst haben, um sich irgendwo anzusiedeln und bei passenden Umgebungsbedingungen auch rasch auszubreiten. Durch diese kosmopolitische Existenz lässt sich heute über die ursprüngliche Herkunft dieser Art kaum etwas sagen.

Beschreibung

Myrionema amboinensis kann unter starker Beleuchtung sehr rasch wachsen und große Kolonien bilden. Eine Nahrungsaufnahme findet bei dieser Art nicht statt, sie ernährt sich ausschließlich von den Stoffwechselprodukten ihrer Symbiosealgen, nimmt allerdings gelöste Substanzen wie mineralische Elemente aus dem Umgebungswasser auf, etwa Jod. Durch ihr starkes Nesselgift belästigen die Polypen benachbarte Wirbellose heftig und drängen diese zurück. Krustenanemonen, Weichkorallen und Steinkorallen werden rasch überwachsen, abgeschattet und zugleich mit dem Nesselgift geschädigt. Die Polypen wuchern mit ihrem netzähnlichen Stolonengeflecht in Korallenkolonien hinein, hemmen sie durch ihre Nesselgifte und lassen sich mechanisch kaum vollständig entfernen, ohne die befallenen Organismen massiv zu schädigen.

Myrionema amboinensis besitzt hübsche Zooide, die aus einem Stolonengeflecht herauswachsen. Zunächst sind die Bestände gering, doch eine plötzlich einsetzende Massenvermehrung kann schnell zum Problem werden.

Vermehrungsfördernde Faktoren

Bei diesen ebenso hübschen wie lästigen Hydroiden habe ich beobachtet, dass sie über lange Zeit sehr unauffällig bleiben können, dann aber plötzlich eine geradezu atemberaubende Vermehrungsgeschwindigkeit an den Tag legen können. Wahrscheinlich ist der Versuch des Aquarianers, sie zu beseitigen, der Auslöser dafür, denn er wird von den Organismen als Fraßdruck wahrgenommen. Ich erinnere mich an eine Polypenkolonie mit rund 10 cm Durchmesser, die sich etwa ein Jahr lang nicht horizontal ausbreitete, sondern vertikal, also in die Höhe wuchs. Das Stolonengeflecht im unteren Bereich wurde immer dichter, höher, filziger, und die ganze Polypenkolonie wuchs dadurch turmartig in die Höhe. Doch in dem Moment, als ich beschloss, die Angelegenheit unter Kontrolle zu bringen, verlor ich dieselbe, denn nach dem Abreißen der Hauptkolonie begegnete ich den Polypen plötzlich an vielen Stellen des Aquariums, und nicht immer macht Wiedersehen Freude. Der Versuch, sie zurückzudrängen, ist also möglicherweise das, was in ihnen „den schlafenden Löwen weckt".

Darüber hinaus bemerkte ich damals relativ schnell, dass nicht nur Färbung, sondern auch Wachstum dieser Polypen sich bei jeder Jod-Gabe verändern und zunehmen, wie im ersten Teil des Buches geschildert. Darum empfiehlt es sich beim Befall mit diesen Polypen, vorübergehend all jene Maßnahmen einzuschränken, die Jod ins Aquarienwasser bringen können, also neben dem Nachdosieren von Spurenelementlösungen auch Teilwasserwechsel. Dadurch verlangsamt man das Wachstum der Polypen und hat bessere Möglichkeiten, sie zu bekämpfen.

Vorbeugung, Kontrolle, Bekämpfung

Das manuelle Entfernen großer Mengen der Polypen ist sicher ein wichtiger Teil der Maßnahmen, zumindest, wenn diese ein filzartiges, dichtes Stolonengeflecht unter sich besitzen. Allerdings sollte dies während eines Teilwasserwechsels mit dem Sog eines Absaugschlauches geschehen, nicht einfach mit der Hand, womöglich noch mit normaler Wasserströmung, die leicht Fragmente der Hydroiden verdriften kann. Anschließend muss der am Substrat verbliebene

Nach Beobachtung von Prof. Ellen Thaler frisst der Seeigel *Salmacis bicolor* gelegentlich einige dieser Hydroiden. Beenden lässt sich eine Plage durch ihn sicher nicht, aber möglicherweise von vornherein verhindern.

Anteil des Stolonengeflechts mit einer flächendeckenden Schicht Kalziumhydroxid verätzt werden, weil sonst sehr rasch neue Polypen ausgetrieben werden.

Hat man auf diese Weise die größte Menge der Polypen und auch des Stolonengeflechtes vernichtet, dann – und erst dann! – empfiehlt es sich, über eine biologische Kontrolle nachzudenken. Hierzu kann ich bisher nur den Seeigel *Salmacis bicolor* nennen, eine Empfehlung, die auf Hinweise von Prof. Ellen THALER (pers. Mittlg.) zurückgeht, die beobachtet hat, dass dieser Stachelhäuter die Hydroiden frisst. Aber, analog zu den umfassenden Hinweisen im ersten Teil des Buches zur biologischen Bekämpfung: Es hat keinen Sinn zu hoffen, dass der Seeigel dem Aquarianer die Arbeit abnimmt, indem er seine herkömmliche Nahrung liegen lässt und ab heute nur noch *Myrionema amboinensis* frisst – so lange, bis die Plage beseitigt ist. Die Fraßgifte dieser Hydroiden verhindern ganz sicher sehr effektiv, dass sich ein Seeigel (oder irgendein anderes Tier) ausschließlich von ihnen ernähren kann. Der Seeigel mag aber sicher gelegentlich den einen oder anderen Polypen verzehren, wenn auch zwischen anderen Nahrungsstoffen, und so ein Wiederaufflammen der Vermehrung unwahrscheinlicher machen.

Medusen der Gattung *Cladonema* befestigen sich gelegentlich am Hartsubstrat oder wie hier an der Glasscheibe, um mit ihren Tentakeln Plankton aus dem vorbeitreibenden Wasser zu fangen.   Foto: M. Friedrich & R. Wolf

Die kleinen *Nausithoe*-Polypen tauchen in vielen Riffbecken auf, werden aber im Aquarium selten zum Problem, weil sie sich als „Generationswechsler" über ein Medusenstadium vermehren und ihre Medusen meist im Abschäumer landen oder gefressen werden.

Weitere Hydroiden

Systematik
Einige weitere Hydroiden tauchen in Meerwasseraquarien auf, und unter passenden Bedingungen können manche von ihnen starke Vermehrung entwickeln und durchaus lästig werden. Dazu gehören Vertreter der Unterordnung Athecata, z. B. aus der Familie Cladonemidae, etwa *Cladonema radiatum*, ebenso wie Thecata, etwa die kleinen *Nausithoe*-Polypen. Letztere beiden Gattungen trifft man im Aquarium als Polypenstadien von Organismen an, die einen Generationswechsel durchlaufen und auch frei schwimmende Medusen bilden. Im Aquarium allerdings sind diese Medusen selten zu sehen, weil sie meist „Fischfutter" darstellen oder in Filter und Abschäumer verschwinden.

Beschreibung
Kleine Hydroiden besitzen artabhängig unterschiedliche Gestalt. Manche von ihnen sind so zart, dass man sie nur bei genauem Hinsehen erkennt. Aquaristisch fallen sie nur ins Gewicht,

Kleine koloniale Hydroiden erscheinen oft auf Lebendgestein, doch im Aquarium werden sie meist schnell als Beifraß von Fischen konsumiert, und ohne extrem reichhaltige Schwebefütterung können sie kaum zum Problem werden.

wenn sie dichte Ansammlungen bilden, die in größeren Arealen andere Organismen mit ihren nesselnden Tentakeln zurückdrängen.

Vermehrungsfördernde Faktoren
Für nicht zooxanthellate Hydroiden, die sich im Aquarium ungewollt etablieren, ist eine regelmäßige Schwebefütterung insbesondere mit Artemianauplien die beste Existenzgarantie. Gerade in der Seepferdchenzucht sind diese Polypen ein mittelgroßes Problem und vermehren sich durch die optimalen Nahrungsverhältnisse bisweilen so stark, dass sie sogar auf dem Körper der Seepferdchen wachsen.

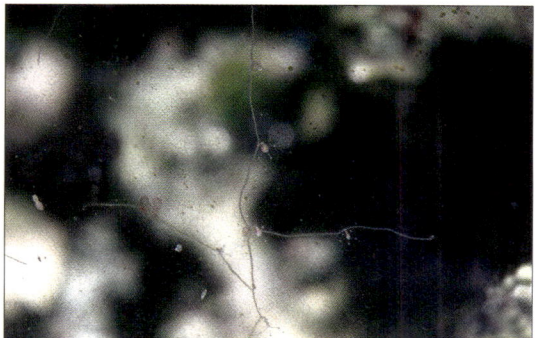

Das Polypenstadium von *Cladonema* an einer Glasscheibe; ein Stolonenstrang verbindet mehrere Polypen

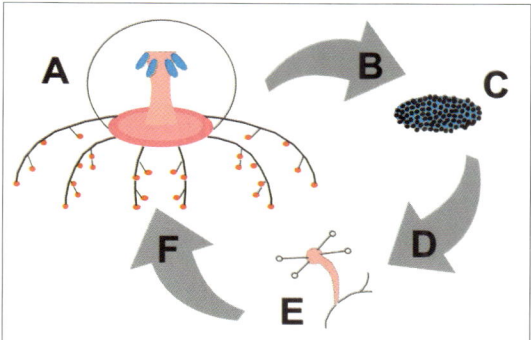

Lebenszyklus von *Cladonema* mit Metagenese (Generationswechsel): A Medusenstadium, B geschlechtliche Vermehrung, C Planula-Larve, D Ansiedeln auf Substrat, E sessiler Polyp, F Ausbildung von Medusen durch laterale Knospung
Grafik: D. Knop nach Vorlagen von M. Friedrich & R. Wolf

Ein paar Millimeter Schönheit: *Cladonema*-Meduse unter dem Mikroskop. Die dunklen Flecken an der Tentakelbasis sind winzige Linsenaugen – erstaunlich für ein Tier ohne Gehirn.
Foto: M. Friedrich & R. Wolf

Vorbeugung, Kontrolle, Bekämpfung

Abwechslungsreiche Schwebefütterung kann helfen, ihre Vermehrung einzudämmen, insbesondere der Verzicht auf Artemianauplien, doch das ist nicht in jedem Fall möglich. Bei der Jungfischaufzucht ist ein Hydroidenbefall oft nicht zu verhindern, so dass die Aufzuchtbecken und alle darin befindlichen Gegenstände regelmäßig gereinigt werden müssen. Im Korallenriffaquarium sollte aber keine regelmäßige Fütterung mit Artemianauplien durchgeführt werden, weil dies das Becken für die Entwicklung großer Hydroidenpopulationen prädestiniert. Zu beseitigen sind diese Polypen relativ leicht, indem man die betreffenden Areale des Dekorationsgesteins nach dem Abschalten der Wasserstömung mit einer dünnen Kalziumhydroxidschicht überzieht, die man eine Stunde einwirken lässt (alkalische Verätzung).

Porifera (Schwämme)

Ohrenschwamm (*Collospongia auris*) und weitere fotosynthetische Schwämme

Systematik

Der Ohrenschwamm (*Collospongia auris*) ist in der Korallenriffaquaristik heute kein Unbekannter mehr. Das war vor 1990 noch anders, denn in diesem Jahr wurde er wissenschaftlich beschrieben, befand sich aber schon in manchen Aquarien. Als kleine Kostbarkeit wurde er von einem zum anderen Aquarianer weitergereicht – ich erhielt meinen von Rudi Lowak aus Heidelberg und hütete ihn wie einen Schatz. Ein Schwamm mit symbiotischen Bakterien – etwas ganz Besonderes. Welches ungeheure Potenzial in ihm steckt, andere Aquarienbewohner zu überwuchern, war damals natürlich niemandem klar. Wie auch; in der Natur sah man ihn und andere fotosynthetische Schwämme normalerweise nur auf kleine Fleckchen beschränkt. Dass er bei den hohen Phosphatkonzentrationen eines Aquariums unnatürlich starkes Wachstum entwickelt, das stellte sich erst im Lauf der folgenden Jahre heraus.

Collospongia auris überwuchert kleinpolypige Steinkorallen wie Acropora-Arten, ohne „mit der Wimper zu zucken" ...

Auch großpolypige Steinkorallen wie diese Ctenactis crassa werden vom Ohrenschwamm überwachsen.

Bei hohem Phosphatgehalt kann Collospongia auris große Teile der Dekoration überwuchern.

Beschreibung

Collospongia auris bildet dicke, fleischige Membranen, deren Konsistenz an Leder erinnert. Dieser Schwamm ist im Vergleich zu anderen Porifera extrem reißfest, und nirgendwo erkennt man Poren; er wirkt völlig glatt. Die Farbe variiert je nach Konzentration der symbiotischen Bakterien im Inneren, die vor allem vom Phosphatgehalt des Wassers abhängig ist. Sterben die Bakterien ab – durch Einwirkung eines Antibiotikums – dann wird er über Nacht kreideweiß und beginnt im Lauf der folgenden Tage zu degenerieren. Dabei wird ein inneres Stützgerüst sichtbar, das im Gegensatz zum übrigen Gewebe nicht zerfällt. Ebenso verhält es sich, wenn der Schwamm ausreichend lange stark abgedunkelt wird – er benötigt Licht.

Von all den fotosynthetischen Schwämmen, die im Riffaquarium gelegentlich aus Lebend-gestein oder dem Substratgestein von Korallen herauswachsen, ist C. auris mit Sicherheit derjenige, der am meisten Potenzial für invasives Wachstum besitzt. Dysidea herbacea kann ebenfalls ganz ansehnliche Bestände erzeugen, wächst aber selten invasiv. Andere fotosynthetische Arten wie Haliclona koremella oder manche Callyspongia-Arten sind unter bestimmten Umständen (besonders bei hoher Phosphatkonzentration und starker Beleuchtung) durchaus wuchsstark, breiten sich jedoch in der Regel nicht im gesamten Aquarium aus, im Gegensatz zu Collospongia auris.

Vermehrungsfördernde Faktoren

Der stärkste „Rückenwind", den diese fotosynthetischen Schwämme haben können, ist eine hohe Phosphatkonzentration. Bei Collospongia

Auch *Dysidea herbacea* (oben) und *Haliclona koremella* (rechts) können bei hoher Phosphatkonzentration ansehnliche Bestände entwickeln, werden aber selten zum Problem.

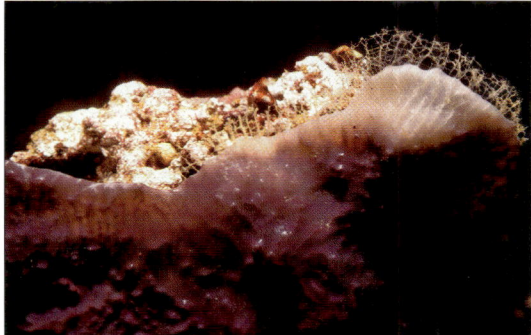

Lichtmangel lässt diesen fotosynthetischen Schwamm zunächst ausbleichen und dann absterben.

auris ist der Zusammenhang so augenfällig, dass man allein schon mit einem Blick auf die Körpermasse und Farbe dieses Schwammes den Phosphatgehalt des Aquarienwassers grob einschätzen kann, denn bei hohen Konzentrationen wuchert er regelrecht und entwickelt ein Wachstumstempo, dem sich kaum eine Koralle widersetzen kann. Steinkorallen werden von ihm sehr schnell überzogen, Weichkorallen wenigstens abgeschattet, und obgleich es bei ihnen durch die Beweglichkeit ein wenig länger dauert, werden auch sie vielfach von ihm besiegt – zumindest flachwüchsige Arten.

Vorbeugung, Kontrolle, Bekämpfung

Der einfachste Weg, lästige Bestände von *C. auris* loszuwerden, ist das manuelle Entfernen, schlicht durch das Abreißen vom Untergrund.

Wenn durch das Zerreißen Sekrete aus dem Inneren dieses Schwammes ins Aquarienwasser gelangen, ist im Allgemeinen nicht zu befürchten, dass toxische Sekundärmetabolite freigesetzt werden. An manchen Stellen gelingt das Abreißen recht gut, abhängig von der Struktur des überwachsenen Substrats. Allerdings bleiben dabei fast immer winzige Fleckchen düner Gewebsreste zurück, die dann innerhalb einiger Wochen wieder heranwachsen und schließlich „konfluieren", also zusammenwachsen und wieder eine Einheit bilden. Das ist kein Wunder, denn die Umgebungsbedingungen, die das Wuchern des Schwamms verursacht haben, sind ja weiterhin unverändert. Weitaus sinnvoller ist es daher, den Phosphatgehalt zu reduzieren, denn wenn wir diesen normalisieren und auf ein natürliches Niveau bringen, dann vermindert sich auch die Wachstumsrate des Schwamms und geht auf natürliche Werte zurück.

Gelegentlich wird empfohlen, irgendeine schädliche Substanz in den Schwamm zu injizieren, die ihn von innen zerstört. Das kann man tun, doch erstens ist dies eine sehr mühselige und Zeit raubende Vorgehensweise, und zweitens werden wir mit solchen Substanzen meist die Wasserbedingungen verschlechtern, etwa durch Salzsäure (HCL), die unsere Karbonathärte massiv verringert. Auch mit Wasserstoffperoxid soll es funktionieren, doch das wirkt sich stark auf das Redoxpotenzial des Wassers aus. Wenn der Schwamm auf chemischem Weg bekämpft werden soll, würde ich auch hier eher zu Kalziumhydroxid raten und dünne Kalkmilch in den Schwamm injizieren; trifft man die richtigen Stellen und spritzt in das Röhrensystem im Innern des Schwammes, verteilt sie sich und zerstört ein größeres Schwammareal. Auch der Einsatz eines Antibiotikums wie Chloramphenicol, das praktisch über Nacht sämtliche Gewebsanteile aller fotosynthetischen Schwämme weiß werden lässt, woraufhin sie sich normalerweise langsam zersetzen, ist nicht unproblematisch, weil gleichzeitig die Nitrifikationsbakterien geschädigt werden, und das kann eine Katastrophe auslösen. Hinzu kommt, dass das Grundübel, der hohe Nährstoffgehalt des Wassers, ja unverändert bestehen bleibt. Und – last but not least – ist Chloramphenicol hochgiftig, weil krebserregend, weshalb man den Umgang damit ohnehin meiden sollte (siehe Teil 3, chemische Kontrolle). Wie gesagt: Das umfassende Reduzieren des Phosphatgehaltes, das heute auch sehr preiswert und hocheffektiv mit Lanthan möglich ist (KNOP 2009a), führt zu einem dauerhaften Verringern des Wuchses und ist sicher die bessere Lösung.

Bohrschwämme (*Cliona*)

Systematik
Cliona celata gehört zur Gruppe der Demospongiae (Familie Clionidae).

Beschreibung
Dieser weltweit verbreitete Bohrschwamm arbeitet sich durch kalkhaltiges Substrat (Riffgestein und Molluskenschalen) hindurch. Man trifft ihn im Lebendgestein des Korallenriffs, aber auch in den Schalen von Riesenmuscheln, wo er an der Außenseite charakteristische, runde Löcher hinterlässt.

Vorbeugung, Kontrolle, Bekämpfung
Eine Bekämpfung ist normalerweise nicht nötig, dieser Schwamm belastet eine Riesenmuschel nur bei extremer Wuchsdichte, und den Befall wird man normalerweise nur an der leeren Schale von der Innenseite her erkennen. Von außen

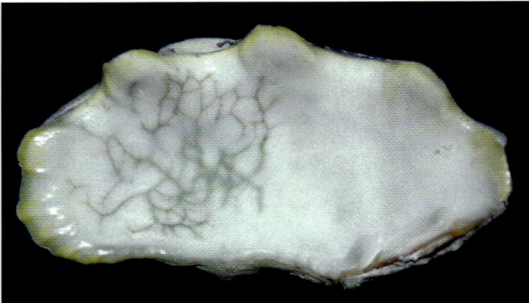

Bohrschwamm der Gattung *Cliona* in der Schale einer Riesenmuschel *Tridacna maxima*; innen ist das Netzwerk zu sehen, an der Außenseite derselben Schale liegen die Eintrittsbohrungen.

sind lediglich winzige Bohrlöcher sichtbar. Zwar ist eine Behandlung mit Formalinlösung bekannt (KNOP 2009b), doch davon ist bei aquariengehaltenen Riesenmuscheln abzuraten.

Annelida (Ringelwürmer)

Borstenwürmer und andere Anneliden

Systematik
Ringelwürmer des Stammes Annelida sind regelrechte Überlebenskünstler. Nicht nur die Borstenwürmer (z. B. Familien Nereidae, Eunicidae, Hesionidae und Syllidae) treten im Riffbecken gelegentlich in großer Zahl auf, sondern auch Röhrenwürmer der Familien Sabellidae (Lederröhrenwürmer) und Serpulidae (Kalkröhrenwürmer) sowie die Filtrat fressenden Würmer der Familien Cirratulidae und Chaetopteridae.

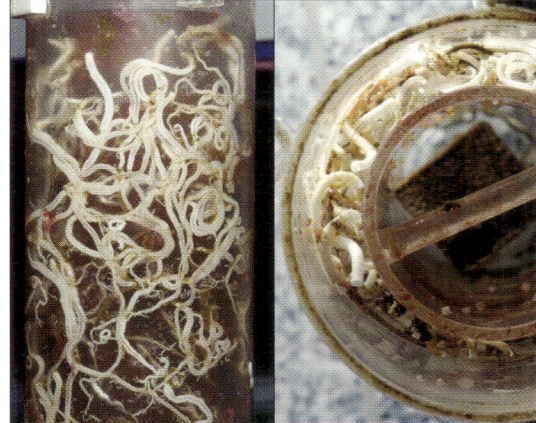

Borstenwürmer (hier *Eurythoe* sp.) entwickeln gelegentlich dichte Populationen, was nicht nur manuelle Gegenmaß-nahmen erfordert, sondern auch Änderungen im Aquarien-besatz. Lederröhrenwürmer (hier *Bispira viola*) und Kalk-röhrenwürmer (hier Gattung *Vermiliopsis*) bilden oft dichte Kolonien, können aber kaum zum Problem werden, weil sie andere Arten nicht zurückdrängen. Das Gleiche gilt für die Spaghettiwürmer (Cirratulidae, hier *Timarete* sp.) und die Muschelsammlerinnen (Chaetopteridae), die im letzten Bild im Bodengrund freigespült wurden, um ihre Wohnröhrenkolonie zu zeigen.

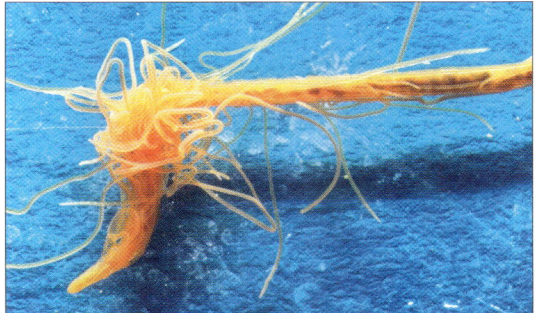

Beschreibung

Dass viele Borstenwurmarten Sedimentfresser sind (Knop 2009c) und dass andere, omnivore Arten auch Algen fressen, ist aquaristisch nahe-

Borstenwürmer der Gattung *Linopherus* fressen nachts gern Algen – wenn wir ihnen welche geben. Sonst nehmen sie auch andere Kost. Größere Borstenwürmer (oben) fressen gern Grobsedimente, um den Biofilm zu verdauen – die passende Körnungsgröße vorausgesetzt. Auch sie nehmen andernfalls andere Nahrung auf.

zu unbekannt – die meisten Aquarianer halten Borstenwürmer für rein karnivore Resteverwerter und Räuber. Ich stieß auf diese Ernährungsgewohnheiten durch eigene Beobachtungen, denn in vielen Einzelbecken einer Test-Aquarienanlage mit 15 identischen Becken fraßen kleine Arten nachts mit Hingabe die Algenrasen von den Frontscheiben. Im üblichen Riffaquarium wird dies kaum möglich sein, weil alle Scheiben peinlich sauber gehalten werden. Größere Borstenwurmarten hatten bei passender Bodengrundkörnung stets den Leib prall mit Substrat gefüllt, um deren Biofilm zu verdauen, wie dies auch viele Seegurken tun. Das waren keine Einzelfälle, sondern regelmäßige Beobachtungen – nur ist dies eben an eine passende Körnungsgröße gebunden. Zusätzlich zum Verwerten von Resten kommen also noch weitere nützliche Funktionen im Aquarium hinzu, die Borstenwür-

mer prinzipiell zu willkommenen Riffbeckenbewohnern machen.

Auch andere Ringelwürmer wie Röhrenwürmer, Chaetopteriden oder Cirratuliden erzeugen im Riffbecken gelegentlich dichte Populationen. Da sie in ihrer Nahrungswahl nicht so opportunistisch sind wie Borstenwürmer, sondern sich mit ihrer Physiologie auf das Filtrieren festgelegt haben, begrenzt ein Nahrungsmangel bei zu sauberem Aquarienwasser sehr schnell ihre Populationsdichte, so dass sie verschwinden, auch wenn kein Räuberdurck vorhanden ist. Und da sie eben nur Schwebenahrung aufnehmen können, sind sie nicht dazu in der Lage, sich an den übrigen Aquarienbewohnern gütlich zu tun und fallen uns Aquarianern nicht unangenehm auf. Allgemein kann man jedoch sagen, dass die starke Vermehrung von Anneliden in der Regel Ausdruck bestimmter Umgebungsverhältnisse ist.

Vermehrungsfördernde Faktoren

Borstenwürmer als Schädlinge zu bezeichnen, ist schlichtweg Unsinn. Natürlich können diese Anneliden Schaden anrichten, und sie können auch extrem starke Populationen entwickeln, doch das ist, wie gesagt, stets eine Frage der Umgebungsverhältnisse. Im natürlichen Lebensraum sind sie einem enormen Fraßdruck ausgesetzt, und diesem können sie nur durch die reichliche Produktion von Nachkommen widerstehen. Sobald wir aber im Aquarium ein anderes Räuber-Beute-Verhältnis herstellen als in der Natur, wirkt sich das natürlich auf die Populationsdichte aus. Und wenn die Zahl von Borstenwürmern zu sehr ansteigt, geht ihnen die Nahrung aus und sie werden – nun, nennen wir es „experimentierfreudig".

Vorbeugung, Kontrolle, Bekämpfung

Borstenwürmer sind sehr zäh, und anders als bei vielen anderen Tieren wird ihre Vermehrung im Aquarium weniger durch die Nahrungsgrenzen gesteuert als durch den Räuberdruck. Sie leben als Resteverwerter, Algen- und Sedimentfresser, und solange ihre Nahrungsgrundlage vorhanden ist, werden wir ihre Anwesenheit im Riffbecken kaum bemerken. Gelangen sie durch fehlenden Räuberdruck jedoch an ihre Nahrungsgrenzen, dann können sie trotz dieses relativen Nahrungsmangels eine noch dichter werdende Population erzeugen, weil sie sich im Riffbecken Zugriff auf andere Organismen verschaffen, die normalerweise nicht in ihr Nahrungsspektrum passen. Man kann im Riffaquarium eine Borstenwurmpopulation also nicht „aushungern". Lediglich wachsender Räuberdruck wird das Problem dauerhaft lösen können.

Wichtig beim dauerhaften Besiegen einer Borstenwurm-Massenvermehrung ist aber, dass bereits Jugendstadien der Borstenwürmer dem Fraßdruck von Räubern zum Opfer fallen. Sind sie erst adult, dann schützen sie sich durch ihr Borstenkleid hervorragend, und nur wenige Tiere kommen als Räuber in Frage, etwa größere Lippfische oder spezialisierte Gastropoden, so dass hier oft der Aquarianer „Ersatzräuber" spielen

Zur Bekämpfung einer Massenvermehrung von Borstenwürmern ist es wichtig, die Anzahl der Larven und Jungwürmer zu begrenzen, was wir nur über Lippfische erreichen können. Die Zahl adulter Exemplare hingegen kann auch der Aquarianer reduzieren.

muss. Borstenwürmer produzieren ihre Jugendstadien in so großer Zahl, dass auch bei hohem Fraßdruck noch genügend Individuen übrig bleiben, um die Art zu erhalten. Fehlt in dieser frühen Entwicklungsphase der Räuberdruck, dann entwickelt sich eine extrem dichte Jung-Borstenwurm-Population, die heranwächst und aufgrund des zunehmenden Nahrungsmangels Schaden anrichtet. Der Fraßdruck der Räuber muss also bereits in der Jugendphase der Würmer ansetzen, und hier kommen durchaus kleinere Lippfische in Betracht, die keine adulten Borstenwürmer bewältigen. Es geht bei einer „Borstenwurmplage" also nicht primär darum, die vielleicht vielen Hundert adulten Exemplare loszuwerden (die der Aquarianer mit einer Falle fangen kann), sondern darum, die wahrscheinlich vielen Tausend Jugendstadien

Bursa bufonia frisst Borstenwürmer, indem sie diese Anneliden gezielt jagt und überwältigt.

auszudünnen (die der Aquarianer selbst nicht abzusammeln vermag).

Einzelne Borstenwürmer, die als spezialisierte Räuber leben, bereiten im Aquarium selten Probleme. In Frage kommen hier Vertreter der Gattung *Oneone*, die sich mit Hilfe von Säuren kreisrunde Löcher in Molluskenschalen bohren und dann das Fleisch der Weichtiere fressen. Sie richten vor allem in Riesenmuschelfarmen Schaden an, tauchen im Aquarium aber kaum einmal auf. Ähnliches gilt für Korallengewebe fressende Borstenwürmer wie *Dodecaria coralii*. Über sie ist kaum etwas bekannt, doch wer im Riffbecken durch die Anwesenheit von Lippfischen einen gewissen Räuberdruck aufrecht erhält, sollte diesbezüglich keine Schwierigkeiten haben.

An größeren Lippfischen kommen beispielsweise *Halichoeres*- bzw. *Biochoeres*-Arten in Betracht, doch auch kleiner bleibende Lippfische wie *Pseudocheilinus hexataenia* tragen durch Larvenverzehr dazu bei, die Entwicklung einer Borstenwurm-Massenvermehrung zu verhindern. Spezialisierte Borstenwurmfresser scheint es tatsächlich zu geben, wie die Froschschnecken der Familie Bursidae zeigen. Sie besitzen am Gehäuse zahlreiche knotenförmige Erhebungen, die charakteristisch sind, und leben in erster Linie von Borstenwürmern. Die Vermehrung von Borstenwürmern ist in manchen Riffaquarien so störend, dass diese Raubschnecke zu einem „Nutztier" werden kann, vor allem wenn es räuberisch lebende, große Borstenwürmer betrifft. Das gezeigte Exemplar gehört zur Gattung *Bursa* (Dr. R. SHIMEK, pers. Mittlg.) und wurde von der Meeresbiologin Marta J. DEMAINTENON (pers. Mittlg.) unter Vorbehalt (atypische Anordnung der knotigen Schalenauswüchse) als *Bursa bufonia* identifiziert. Das Tier tauchte in einem Aquarium von Prof. Ellen THALER auf, die den für die Gattung *Bursa* typischen Beutefang beobachten konnte: Die Schnecke injizierte einem ca. 25 cm langen Borstenwurm ein lähmendes Speichelsekret, woraufhin sich der Polychaet krümmte und zu einem „haarigen Knäuel" zusammenzog, reglos verharrte und völlig wehrlos war, so dass er von der Schnecke gefressen werden konnte. Interessanterweise scheinen Borstenwürmer die Anwesenheit dieses Räubers zu bemerken, denn kurz nachdem diese Schnecke in ein Algenbecken eingesetzt wurde, versuchten zahllose Borstenwürmer aufgeregt zu fliehen. Allerdings tauchen diese Schnecken bisher kaum im Aquaristikhandel auf, und wenn, dann nur zufällig, so dass man gezielt nach ihnen suchen muss.

Die bereits existierenden überzähligen Borstenwurmexemplare werden wir aber in den wenigsten Fällen durch Aquarientiere vertilgen lassen hönnen. Hier sind Eingriffe des Aquarianers gefragt, um zunächst die Population an adulten Exemplaren zu reduzieren. Dazu bieten sich Fallen an, die der Fachhandel bereithält, und notfalls muss der Bodengrund manuell von Borstenwürmern befreit werden, indem man ihn in einzelnen Portionen aus dem Becken absaugt und vorsichtig in Meerwasser ausspült. Anschließend muss – vor allem mit Lippfischen – der nötige Räuberdruck hergestellt werden, der, wie erwähnt, die Jugendstadien der Borstenwürmer dezimiert. Lediglich in einem Nano-Riffbecken wird dies nicht möglich sein, und wenn sich hier fortwährend eine zu große Population dieser Würmer entwickelt, muss der Aquarianer ein oder zweimal im Jahr den Bodengrund schonend in Meerwasser auswaschen.

Größer werdende Borstenwürmer finden sich in den Familien Eunicidae und Nereidae, etwa die Gattungen *Nereis* und *Eunice*, aber auch andere,

Manche Aquarianer entwickeln eine Art „Borstenwurm-Feindbild", was unsinnig ist. Prinzipiell sind Borstenwürmer (hier *Nereis* sp.) im Riffaquarium nicht nur unvermeidbar, sondern auch wichtig. Nur das völlige Fehlen des Räuberdruckes verursacht gelegentlich eine Massenvermehrung.

z. B. der Palolowurm (*Palola siciliensis*), der trotz seines wissenschaftlichen Namens auch im zentralen Indopazifik vorkommt, also mit Lebendgestein im tropischen Riffaquarium landen kann, erreichen beachtliche Längen: Er beeindruckt mit

seiner Maximallänge von 250–300 cm ebenso wie mit seinem Appetit, und es ist sehr schwierig, ein solches Tier aus dem Riffbecken herauszubekommen, ohne dieses ganz auszuräumen. Und wenn dies doch gelingt, dann stellt sich dem betreffenden Aquarianer bisweilen sogar die Frage, wohin mit diesem Zeitgenossen, denn ein so großes Tier einfach zu vernichten, ist sicher nicht jedermanns Sache – es sei denn, man möchte diesen extrem nahrhaften, vitamin- und mineralstoffreichen Wurm selbst verzehren, ist er doch ein hoch geschätztes Nahrungsmittel der Polynesier, ob roh, gekocht oder getrocknet. Ein Artenbecken dagegen könnte aus einem solchen „Störenfried" ein „Haustier" machen, das vielleicht sogar einen Namen bekommt.

Echinodermata (Stachelhäuter)

Gänsefuß-Seesterne (*Asterina* u. a.)

Systematik
Die kleinen Gänsefuß-Seesterne der Gattung *Asterina* sind in Riffaquarien inzwischen weit verbreitet und auch überall bekannt. Sie tauchten erstmals in den frühen 1990er-Jahren im Hobby auf, und lange Zeit hindurch herrschte Unklarheit darüber, ob sie im Riffbecken Schaden anrichten oder nicht. Die Gattung umfasst mehrere Arten, am häufigsten ist *Asterina burtoni*.

Dieses *Asterina*-Exemplar frisst an einer zooxanthellaten Hornkoralle – allerdings lebten im hier gezeigten Becken Hunderte dieser Seesterne, die gegenseitig konkurrierten, so dass ihre natürliche Nahrung knapp war.

Mehrere der dunkelgrauen *Asterina*-Exemplare fressen hier an einer *Pocillopora damicornis*, doch war deren Gewebe zuvor schon partiell am Absterben, weshalb es sich hier um „Sekundärfraß" handelte, nicht um eine Fraßschädigung der Koralle. Viele Opportunisten tun sich an solchem untergehenden Korallengewebe gütlich, etwa Schlangensterne und Krebstiere.

Ein Exemplar der dunkelgrauen *Asterina*-Art frisst an einem Polypen einer vitalen *Dendrophyllia*-Steinkoralle und schädigt sie irreversibel. Dieses Beispiel zeigt, dass diese *Asterina*-Art durchaus dazu in der Lage ist, gesunde Steinkorallen zu vernichten.

Beschreibung

Die rund 10–25 mm Durchmesser erreichenden Gänsefußseesternchen gehören inzwischen zum normalen Riffaquarium dazu. Sie vermehren sich vegetativ, indem sie sich teilen, und auf diesem Weg erzeugen sie in manchen Aquarien rasch dichte Populationen. Gelegentlich sind Übergriffe auf Korallen beobachtet worden, doch diese finden vor allem dann statt, wenn die Zahl der Seesterne sehr hoch ist und die Nahrungsres-sourcen knapp sind. Nach meinen persönlichen Erfahrungen sind von der beigefarbenen *Asterina burtoni* Korallenschädigungen erheblich seltener zu erwarten als von einer bläulich dunkelgrauen *Asterina*-Art ähnlicher Größe, die ich auch bei geringer Populationsdichte und ohne ausgeprägte Nahrungsknappheit dabei beobachten konnte, wie sie z. B. gezielt Seescheiden und solitär lebende Polypen der Steinkorallengattung *Dendrophyllia* fraß.

Dieses dunkelgraue *Asterina*-Exemplar frisst an einer Seescheide *Ecteinascidia nexa*, zersetzt sie dabei und schädigt sie irreversibel.

Die Harlekingarnele (*Hymenocera picta*) ernährt sich nur von Seesternen, ist als Paar ein hervorragender Besatz für ein Artenbecken, und ihre Nahrung kann zum großen Teil aus *Asterina*-Seesternen bestehen.

Vermehrungsfördernde Faktoren

Diese Seesterne stehen als Aufwuchsfresser in Nahrungskonkurrenz zu anderen Tieren, ein Zusammenhang, auf den der erste Teil dieses Buches ausführlich eingeht. Das Fehlen von Nahrungskonkurrenten – z. B. Gehäuseschnecken der Gattung *Euplica* und Ohrschnecken der Gattung *Stomatella*, aber auch aufwuchsfressende Fische – öffnet ihnen eine ökologische Nische, die sie für eine intensive Vermehrung durch Teilung nutzen, um vor Ort ihre Populationsdichte zu erhöhen. Aufgrund eigener Beobachtungen vermute ich in optimaler Nahrungsdichte einen Auslöser für diese vegetative Vermehrung, während Nahrungsknappheit stattdessen eher die geschlechtliche Vermehrung nach sich zu ziehen scheint, mit dem Ziel, die Art zu streuen und in anderen Habitaten zu etablieren – eine Hypothese, für die allerdings wissenschaftliche Belege fehlen (auch dies wird im ersten Teil des Buches detailliert dargelegt).

Vorbeugung, Kontrolle, Bekämpfung

Die Bekämpfung einer Massenvermehrung der Gänsefußseesterne ist eigentlich ausgesprochen einfach, denn man muss nur täglich einige der Exemplare aus dem Aquarium absammeln. Die Arbeit an ein Pärchen Harlekingarnelen (*Hymenocera picta*) zu delegieren, die sich auf Seesterne als Nahrung spezialisiert haben, ist zwar möglich und sicher auch um einiges spannender, doch darf man natürlich nicht vergessen, dass die Population der kleinen Stachelhäuter sehr bald nach dem Einsetzen der Garnelen dauerhaft reduziert sein wird und diesen dann die Nahrung fehlt. Das ist gewöhnlich der Moment, wo diese Crustaceen anfangen zu kümmern, und die wenigsten Aquarianer sind bereit, regelmäßig einen teuren Seestern zu kaufen, um ihn dann zerteilt in der Tiefkühltruhe zu lagern und in kleinen Einzelportionen an die Garnelen zu verfüttern.

Theoretisch könnte man diese Entwicklung natürlich etwas in die Länge ziehen, indem man diese ausgesprochen hübschen Garnelen nicht als Paar hielte, sondern einzeln – doch das wäre nicht artgerecht, und darum rate ich davon dringend ab. Von einem Tier, das natürlicherweise in einer Paarbindung lebt – was übrigens gerade bei diesen Garnelen aquaristisch überaus faszinierend zu beobachten ist –, ein solitäres Leben zu verlangen, nur um es aus Bequemlichkeit als Problemlöser zu instrumentalisieren, sollte für einen Korallenriffaquarianer keine echte Option sein. Nichts gegen die Aquarienpflege von Harlekingarnelen, doch die sollte man anschaffen, weil man sie um ihrer selbst willen pflegen möchte, und ihnen dann auch mit einem Artenbecken passende Lebensbedingungen bieten, einschließlich einer abwechslungsreichen Ernährung. Wer in seinem Aquarium Gänsefuß-Seesterne loswerden möchte, hat dazu andere Möglichkeiten.

Das tägliche Absammeln einiger Seestern-Exemplare reicht wie gesagt aus, denn es reduziert ihre Population nicht nur erheblich, sondern öffnet auch eine ökologische Nische für ihre oben erwähnten Nahrungskonkurrenten, und wer diese dann im Becken etabliert, verschiebt die Gleichgewichte zu Ungunsten der Seesterne.

Schlangensterne (*Amphipholis squamata* u. a.)

Systematik

Seit den späten 1990er-Jahren vermehren sich in vielen Korallenriffaquarien extrem kleine Schlangensterne und erzeugen durch vegetative und geschlechtliche Vermehrung teilweise sehr große Populationen. Dabei trifft man nicht nur die winzige Art *Amphipholis squamata* aus der Familie Amphiuridaea an, sondern auch einige deutlich größer werdende Vertreter der Familie Ophiotrichidae.

Beschreibung

Die weiße oder hellgraue *Amphipholis squamata* gleicht in der Körperform denjenigen Schlangensternen, die üblicherweise im Riffaquarium herkömmlicher Größe gehalten werden, doch der Gesamtdurchmesser des Tieres liegt nur bei rund 10 mm. Die Mundscheibe erreicht kaum 2 mm Durchmesser. Andere kleine Schlangensterne, die sich ebenfalls rasant vermehren, wachsen zur zwei- bis dreifachen Größe heran, sind in der Regel dunkel gefärbt, oft mit bräunlichen oder rötlichen Querbändern. Sie finden sich vor allem an Stellen, an denen sie wenig gestört werden, etwa in Spalten oder Ritzen, die anderen Tieren schwer zugänglich sind. Zwar bezeichnen manche Aquarianer das Auftreten dieser kleinen Stachelhäuter als „Plage" und verzeichnen angeblich auch gewisse Schädigungen am Gewebe empfindlicher Korallen, an denen sich zahlreiche Exemplare tummeln, doch nach meiner Überzeugung sollte man solche Erscheinungen als tolerierbare Folge eines artenreichen Miteinanders im Riffaquarium ansehen – oder anders gesagt: Wo gehobelt wird, fallen Späne. Die Ko-

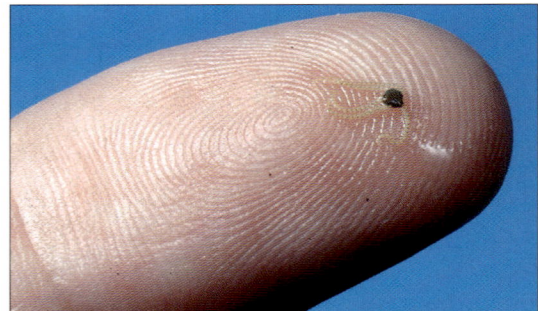

Der winzige Seestern *Amphipolis squamata* vermehrt sich im Aquarium nicht nur vegetativ durch Teilung, sondern auch geschlechtlich, wie die gelegentliche Paarung zeigt, die bei diesen kleinen Tieren vom Aquarianer jedoch nur selten bewusst wahrgenommen wird.

rallenriffaquaristik lebt von der Artenvielfalt, und diese winzigen Schlangensterne sind eine Bereicherung des Aquarienbiotops.

Vermehrungsfördernde Faktoren

Schwebenahrung, die aus nicht zu feinen Partikeln besteht, ist diesen Schlangensternen willkommen. Bei geringem Fraßdruck durch Räuber

Auch größere Schlangenstern-Arten bilden im Riffbecken mitunter dichte Populationen, die jedoch kaum zu einem Problem werden können, sondern grundsätzlich eine willkommene Bereicherung der Artenvielfalt darstellen.

sieht man fortwährend ihre kleinen Arme aus der Vertiefung des Gesteins heraushängen, in die sie sich zurückgezogen haben. Oft trifft man sie auch in Schwämmen, Algen oder an Korallen an.

Mollusca (Weichtiere)

Gastropoda (Schnecken): Nacktkiemer (Nudibranchia)

Systematik
Zahlreiche Nacktkiemerschnecken der Ordnung Nudibranchia ernähren sich von Korallen. Dazu gehören neben den relativ häufigen *Dendronotus*-Arten auch viele Schnecken der Unterordnung Aeolidina, etwa aus den Gattungen *Phestilla, Cuthona, Phyllodesmium* und *Aeolidiella*, sowie *Pinufius* aus der Unterordnung Arminia.

Beschreibung:
Korallenfressende Nacktkiemerschnecken ahmen in der Regel mit Hilfe der Kiemen auf ihrem Rücken die Struktur und Farbe ihrer Wirtstiere nach, und zwar teilweise mit einer atemberaubenden Ähnlichkeit. Ich glaubte gelegentlich, eine kleine *Xenia*-Weichkoralle vor mir zu haben, bis diese sich dann in Bewegung setzte, davonkroch und mir den unwiderlegbaren Beweis dafür lieferte, dass es sich bei ihr nicht um eine Koralle, sondern um eine Nacktschnecke handelte. Diese Ähnlichkeit erklärt sich einfach durch die

Fressfeind-Selektion: Je schlechter eine Schnecke äußerlich an ihren Wirt angepasst ist, umso früher wird sie von ihren eigenen Räubern entdeckt und gefressen, so dass sich eben nur die am besten angepassten Exemplare fortpflanzen können. Folgerichtig erkennt man an Form und Farbe der Rückenanhängsel auch die artspezifische „Lieblingsspeise" solcher Gastropoden.

Ich erinnere mich noch sehr gut an eine Nacktkiemerschnecke, die vor knapp einem Vierteljahrhundert in meinem ersten Korallenriffaquarium auftauchte, mitten in einer neu erworbenen Kolonie der Krustenanemone *Zoanthus sociatus*. Diese Nacktschnecke, die voll und ganz auf diese Krustenanemonen als Nahrung fixiert war, ähnelte den vielen Schnecken der Unterordnung Aeolidina sehr, maß ca. 15 mm Länge und trug auf dem Rücken zahlreiche dunkle Cerata, die Kiemen, die bei den meisten Vertretern dieser sehr ähnlichen Gruppe einem Räuber geopfert werden, indem sie die Schnecke willkürlich vom Körper abtrennt. Niemals ist mir diese Nacktschneckenart später wieder begegnet, weder auf Bildern oder in der Literatur noch in Riff oder Aquarium. Sie heftete ihre Gelege damals ebenso an die Körpersäulen der Krustenanemonen wie die in der Aquaristik fälschlich als „Berghia" bezeichnete Glasrosen fressende Schnecke die ihren an die Glasscheiben eines Aquariums, und die Jungschnecken fingen sogleich an zu fressen. Das tägliche Absammeln der Jungschnecken nützte nichts; die beiden Krustenanemonen-Kolonien waren innerhalb von rund drei Monaten ruiniert, und anschließend sah man noch rund zehn Tage lang einzelne Schnecken im Becken umherirren, dann war der Spuk vorbei. Im Prinzip ähnelte diese Schnecke in Aussehen und verhalten sehr dem „Berghia"-Glasrosenfresser, doch es gibt noch eine ganze Reihe weiterer, miteinander recht eng verwandter Korallenfresser, die sich zum Verwechseln ähnlich sehen, wenigstens auf den ersten Blick.

Die angebliche „Berghia" ist, wie schon mehrfach erwähnt, in Wirklichkeit *Aeolidiella stephanieae* VALDES, 2005 (Nudibranchia: Aeolidina: Aeolidiidae). Diese Nacktkiemerschnecke,

Aeolidiella stephanieae (fälschlich als „*Berghia*" bezeichnet) ist relativ leicht zu züchten. Betrachtet man die Laichschnüre unter dem Mikroskop, erkennt man deutlich das Gehäuse der Larve, was zeigt, dass die Vorfahren dieser Nacktkiemerschnecken ein Gehäuse trugen.

die von den Florida Keys in den USA stammt und die man seit langer Zeit in der Aquaristik gegen Glasrosen einsetzt, wurde jahrelang falsch bestimmt. *Berghia verrucicornis* gibt es tatsächlich, doch die von Costa 1864 beschriebene Nacktkiemerschnecke ist eine andere Art, wenngleich sie dem Glasrosenfresser ähnlich sieht und auch zur selben Familie gehört. Die Tatsache, dass ich diese Schnecke hier aber ausdrücklich erwähne – obwohl sie eigentlich nicht zu dem zählt, was Aquarianer „Plagegeister" nennen –, zeigt einmal mehr, wie subjektiv die Kategorisierung „Parasit" oder „Schädling" ist, denn eine Glasrosen fressende *Aeolidiella stephanieae* tut im Grunde genommen nichts anderes als eine *Dendronotus*-Nacktkiemerschnecke, die Weichkorallen frisst. Aber wir Aquarianer mögen eben Weichkorallen und verabscheuen Glasrosen, also ist die eine ein Problem und die andere eine Lösung. (Ei-

gentlich müssten wir auch die farbenprächtigen Nacktkiemerschnecken, die sich von Schwämmen oder anderen festsitzenden Wirbellosen ernähren, als „Parasiten" bezeichnen – wir tun es aber nicht, weil die Schwämme, die sie fressen, uns nicht am Herzen liegen.)

Zahlreiche äußerlich sehr ähnliche Schnecken ernähren sich ebenfalls von Korallen, und die Spezialisierung auf bestimmte Wirtskorallenarten hat möglicherweise auch dazu beigetragen, ihre eigene Artentwicklung voranzutreiben. Immer beobachten wir bei ihnen die oben bereits erwähnte „Wirtsähnlichkeit", die durch den Räuberbruck unvermeidlich ist. Aus der Vielzahl dieser Korallenfresser einige Beispiele:

Phestilla melanobrachia (Nudibranchia: Aeolidina: Tergipedidae) frisst *Tubastrea* und legt an den Skeletten ihre Eimassen ab. Diese Nacktkiemerschnecke kann ausgesprochen hübsch aus-

Phestilla melanobrachia ernährt sich von *Tubastrea*-Polypen
2 Fotos: G. & P. Poppe, www.poppe-images.com

sehen, denn ihr gesamter Körper nimmt einschließlich der Cerata auf dem Rücken die Farbe der Wirtskoralle an. Frisst sie also an der grünbraunen *Tubastrea micranthus*, ist sie farblich ebenso angepasst wie ihre Artgenossen, die beispielsweise auf einer der vielen gelben *Tubastrea*-Arten leben, denn diese sind dann knallgelb, und ihre Cerata ahmen die Tentakel eines Polypen nach. Sie können braun, orange, gelb oder rot sein.

Cuthona poritophages, Phestilla lugubris sowie die nur rund 7 mm große *Phestilla minor* (ebenfalls Familie Tergipedidae) fressen *Porites*-Korallen im Flachwasser. Sie raspeln die Steinkorallen kahl und legen am Skelett ihre Eier ab. *Pinufius rebus* (Unterordnung Arminia, Familie Pinufiidae) wird 3–6 mm lang und lebt ebenfalls auf *Porites*-Steinkorallen, frisst deren Polypengewebe und lagert ihre Symbiosealgen in die länglichen Cerata auf dem Rücken ein.

Porites-fressende Nacktkiemerschnecke *Phestilla minor*

Phyllodesmium briareum aus der Familie Glaucidae ahmt mit seinen Rückenanhängseln die Tentakelfärbung der Wirtskoralle täuschend ähnlich nach; die Art lebt in *Briareum*-Korallen und ernährt sich von deren Polypen.

In den 1980er- und den frühen 1990er-Jahren sah man Schnecken der Gattung *Dendronotus* relativ oft in Aquarien, weil die Aquarianer damals

Phyllodesmium briareum in *Briareum*-Koralle
Foto: G. & P. Poppe, www.poppe-images.com

Phyllodesmium briareum
Foto: E. Thaler

ausschließlich Weichkorallen pflegten. Es gab Zeiten, in denen so gut wie jedes Exemplar bestimmter Weichkorallenarten mit diesen Schnecken im Fachhandel ankam, weil sie sich in den Becken der Exporteure befanden und sämtliche Korallen, die dort hindurchgeschleust wurden, „infizierten". Meist saßen sie auf frisch importierten Weichkorallen der Gattung *Alcyonium* (früher allgemein falsch als *Cladiella* bezeichnet), Korallen, für die Dr. Phil ALDERSLADE im Jahr 2000 die

neue Gattung *Klyxum* aufstellte. An zweiter Stelle auf der Beliebtheitsskala dieser Schnecken standen Bäumchenweichkorallen der Gattungen *Nephthea* und *Litophyton*. Diese Schnecken breiteten sich damals in vielen Aquarien mit gemischtem Weichkorallenbesatz aus und ruinierten diesen komplett. Ich erinnere mich nur ungern an den Befall des 3,5-m-Riffbeckens der inzwischen verstorbenen Aquarianerin Hannelore REINEHR.

Anhand des Fressverhaltens der *Dendronotus*-Exemplare ließ sich eindeutig erkennen, dass sie am liebsten *Klyxum*- und *Cladiella*-Arten fraßen. Wenn diese Korallen im Aquarium „ausgerottet" waren, dann kamen in der Regel die *Nephthea*- und *Litophyton*-Bäumchenweichkorallen an die Reihe. Anschließend konnten bestimmte *Sinularia*-Arten auf den Speisezettel geraten, aber das hing von den im jeweiligen Aquarium verfügbaren Arten ab und betraf vor allem jene mit weicherem Gewebe (z. B. *S. mollis*, *S. flexibilis*).

Vermehrungsfördernde Faktoren

Der entscheidende Faktor, der im Aquarium die Massenvermehrung solcher Korallenfresser auslöst, ist nicht, wie man vielleicht annehmen könnte, ihre reine Anwesenheit und auch nicht die Präsenz der „richtigen" Korallen im Aquarium. Im Meer sind diese Korallen auch vorhanden – und trotzdem kommt es nicht zur Massenvermehrung dieser Schnecken. Der entscheidende Faktor im Aquarium ist vielmehr das Fehlen der Räuber, die in der Natur diese Schnecken dezimieren und ihre Population kontrollieren. Und dies gilt prinzipiell für alle Arten, die hier genannt wurden, und sicher auch für weitere. Es handelt sich sämtlich um Schnecken, die ihren Vermehrungszyklus im Aquarium schließen können, weil aus ihrem Gelege ohne ein planktonisches Larvenstadium junge Schnecken schlüpfen, die gleich beginnen, die wirbellosen Wirtstiere zu fressen. Die Spezialisierung auf bestimmte Nahrung geht in der Regel so weit, dass sie verhungern, wenn die betreffenden Nahrungstiere im Aquarium nicht mehr vorhanden sind. Die Bandbreite des Nahrungsspektrums ist artabhämgig; Weichkorallenfresser sind aber in aller Regel zumindest so flexibel, dass sie auf andere Weichkorallen ausweichen können.

Nacktkiemerschnecken der Gattung *Dendronotus* ernähren sich von Weichkorallengewebe.   Unteres Foto: E. Thaler

Vorbeugung, Kontrolle, Bekämpfung

- Beobachten Sie den Korallenbesatz tagsüber aufmerksam und suchen Sie nach Weichkorallen, die sich nicht normal öffnen. Bei diesen ist die Wahrscheinlichkeit eines Schneckenbefalls besonders groß. Solche tagsüber entdeckten Korallen sollten Sie dann nachts auf Schnecken absuchen. Achten Sie auch beim Kauf von Korallen vom Fachhändler darauf, dass sich Weichkorallen jeder Gattung – z. B. *Klyxum, Cladiella, Sinularia, Sarcophytum, Nephthea, Litophyton, Xenia, Briareum* und viele andere – sowie Krustenanemonenkolonien vollständig öffnen. Bleiben diese partiell geschlossen, könnten sich dort unangenehme „Mitesser" verbergen.
- Nehmen Sie die betreffenden Korallen aus dem Aquarium heraus, um sie gründlich zu untersuchen.
- Die Schnecken sind nachtaktiv, gehen Sie darum also mitten in der Nacht mit einer Taschenlampe mit rotem Licht auf Schneckensuche, vor allem auf dem Steinsubstrat in der Nähe der Korallen. Um diese Zeit sind die Tierchen munter, und für rotes Licht ist ihre Wahrnehmungsfähigkeit wahrscheinlich nicht sehr gut entwickelt, denn in einigen Metern Wassertiefe im Meer existiert der langwellige rote Spektralanteil des Lichtes nicht mehr, so dass sie dafür kein Sehpigment entwickeln konnten.
- Suchen Sie bei Weichkorallen ganz besonders gründlich zwischen Koralle und Substrat, denn an dieser Übergangsstelle sitzen die Schnecken sehr oft. Scheuen Sie sich auch nicht, mit einer chirurgischen Pinzette (Hakenpinzette) in einzelne Teile der Weichkoralle hineinzukneifen und etwas zu ziehen. Sie werden sich möglicherweise wundern, wie viele kleine „Korallen" in Wirklichkeit Schnecken sind.
- Ein längeres Süßwasserbad (im Rahmen der Verträglichkeit für die Koralle, bei vielen Arten

4–8 Sekunden) kann die Schnecken dazu bewegen, das Wirtstier zu verlassen. Dabei sollten Sie die Koralle nicht nur im Wasser schwenken, sondern auch mit einer weichen Bürste (z. B. Zahnbürste) über das Substrat fahren.

- Da die Massenvermehrung der Schnecken durch fehlenden Räuberdruck zustande kommt, können wir sie am besten durch Fressfeinde in den Griff bekommen. Dazu empfehlen sich vor allem Lippfische. In Frage kommen nicht nur diejenigen, die groß genug sind, um adulte Schnecken zu fressen (denn die können Sie selbst sehen und entfernen), sondern auch kleinere Arten, die vor allem die unzähligen, winzigen Jungschnecken fressen (die Sie nicht einmal mit der Lupe finden können). Geeignet sind z. B. *Halichoeres*- bzw. *Biochoeres*-Arten. Auch ein juveniler *Allocoris* (=*Coris*) *gaimard* bietet sich an, doch das ist ein außerordentlich ruppiger Geselle, der bei seiner Nahrungssuche selbst faustgroße Steine umdreht, ohne Rücksicht auf die darauf siedelnde Koralle. Bei dem Kampf gegen die Schnecken kommt Ihnen diese störende Eigenschaft allerdings sehr entgegen, denn an der Unterseite der Steine verstecken sich viele dieser „Trojaner" tagsüber. Ein einziger *A. gaimard* im Übergangsstadium zur Adultfärbung konnte die Plage in einem meiner 1.000-l-Weichkorallenaquarium zwar nicht beenden, weil ihm nicht alle Stellen zugänglich waren, aber er vermochte sie zumindest so weit unter Kontrolle zu halten, dass sich die Schnecken nicht mehr vermehrten, keine neuen Korallen befallen wurden und die bereits angefressenen sich wieder erholten – eine Art „natürliches Gleichgewicht". Allerdings fraß er nur kleinere Jungschnecken, die adulten Exemplare mussten weiterhin nachts mit Rotlicht gesucht und abgesammelt werden. Doch prinzipiell würde ich hier eher zu *Halichoeres*- bzw. *Biochoeres*-Arten raten. Es kommt in jedem Fall einfach auf einen Versuch an, und das muss gar nicht im Aquarium sein, denn für einen solchen Test reicht eine Filterkammer.

Gastropoda: Gehäuseschnecken

Systematik

Einige Vertreter aus der Familie Architectonicidae sind auf bestimmte Nesseltiere spezialisiert, insbesondere Krustenanemonen. Ins Aquarium gelangen vor allem Vertreter der Gattungen *Heliacus* und *Architectonica*.

Eine enorme Fülle korallenfressender Schnecken hält die Familie Muricidae (Murexschnecken) bereit; Dr. Marco OLIVERIO stellt in POPPE 2008 innerhalb dieser Familie insgesamt 78 corallivore Arten vor, die in der Unterfamilie Coralliophilinae zusammengefasst sind. Doch auch unter den übrigen Muricidae finden sich Korallenfresser, etwa in den Gattungen *Drupa* und *Drupella*.

Auf verschiedene Mollusca wie Riesenmuscheln spezialisiert haben sich bestimmte Arten der Familie Pyramidellidae. Vertreter der Gattungen *Pyrgiscus* und *Tathrella* leben regelmäßig auf Riesenmuscheln, insbesondere den kleinen aus der Farmzucht, aber andere Vertreter dieser Familie haben sich auf Wirte wie Seescheiden oder Schwämme spezialisiert und gelangen seltener in die Aquarien.

Die Familie Bursidae enthält viele Arten, die sich von Borstenwürmern ernähren, insbesondere in den Gattungen *Bursa* und *Bufonaria*.

In der Familie Ranellidae, die früher Cymatiidae hieß, finden wir zahlreiche Räuber, die sich beispielsweise von Mollusken ernähren. Riesenmuscheln werden von vielen Ranelliden befallen und gefressen. In Riesenmuschelfarmen ist der Schaden, den diese Schnecken anrichten, teilweise beträchtlich, und auch im Aquarium tauchen sie gelegentlich auf (KNOP 2009b).

Eine weitere Familie mit corallivoren (korallenfressenden) Gehäuseschnecken sind die Ovulidae, die Eischnecken, die teilweise einen zauberhaft gefärbten und gemusterten Mantel besitzen, den sie über das porzellanartige Gehäuse schieben.

Beschreibung

Gehäuseschnecken der Klasse Gastropoda sind extrem artenreich und haben sehr viele ökologische Nischen besetzt. Entsprechend viele Arten

Die Gehäuseschnecke *Architectonica maxima* frisst Krustenanemonen. Foto: E. Thaler

Die Gehäuseschnecke *Heliacus variegatus* hat sich ebenfalls auf Krustenanemonen als Nahrung spezialisiert

ernähren sich von Korallen, Mollusken oder anderen aquaristisch interessanten Tieren. Ihre Vermehrung im Aquarium ist jedoch eher die Ausnahme und vor allem bei den Pyramidelliden anzutreffen. Die weitaus meisten Gehäuseschnecken pflanzen sich im Aquarium nicht fort, weil ihre Larven ein planktonisches Stadium durchleben, was ihnen in der Natur eine weite Verbreitung beschert, im heimischen Becken aber in der Regel ein vorzeitiges Ende in Abschäumer oder Filter. Das bedeutet, dass bei den meisten Arten der Schaden begrenzt ist.

Die Gehäuseschnecke *Heliacus variegatus* sowie verschiedene *Architectonica*-Arten (z. B. *A. maxima* und *A. perspectiva*) haben sich auf den Verzehr von Krustenanemonen spezialisiert. Sie sind für Aquarianer, bei denen diese Polypenkolonien außer Rand und Band geraten, bisweilen hilfreich, vermehren sich aber nicht im Aquarium.

Die Bandbreite der korallenfressenden Murexschnecken ist, wie bereits angedeutet, enorm. Die weichkorallenfressende *Rapa rapa* und die auf *Porites*-Steinkorallen spezialisierte *Coralliophila violacea* mögen hier als Beispiele

dienen. *Rapa rapa* frisst sich komplett in *Sarcophyton*-Arten hinein, so dass sie von außen praktisch nicht zu sehen ist. Das erklärt die Anpassung ihres Gehäuses, an dem die sonst für die Familie Muricidae typischen Fortsätze fehlen. *Coralliophila violacea* hingegen sitzt auf der glatten Oberfläche der massiv wachsenden *Porites*-Blöcke und hat ihr Gehäuse im Lauf ihrer Entwicklung ebenfalls von den Muricidae-typischen „Stacheln" befreit, weil sie auf der glatten Stein-

Chicoreus ramosus nascht gerne an Riesenmuscheln.

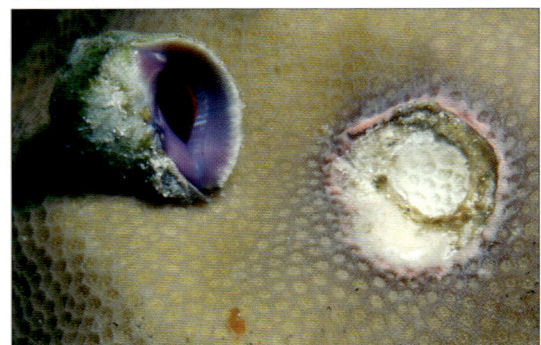

Rapa rapa frisst Weichkorallen wie *Sarcophyton*-Arten und bohrt ihr gesamtes Gehäuse in die Koralle.

Coralliophila violacea frisst Porites-Steinkorallen.

koralle so besser getarnt ist. Unter den „stachelbewehrten" Muriciden mit typischer Gehäuseform finden wir auch einige, die gern an Riesenmuscheln der Familie Tridacnidae fressen, etwa *Chicoreus ramosus*.

Die Pyramidellidae machen vor allem den Riesenmuscheln zu schaffen, in Muschelfarmen und im Aquarium. In beiden Fällen handelt es sich um willkürlich vom Menschen zusammengestellte Lebensgemeinschaften von Tieren, die keine natürliche Artenbalance aufweisen; die Farm ist eine Monokultur mit enorm guten Ausbreitungsmöglichkeiten für die Pyramidelliden, und im Aquarium fehlt oft jeglicher Fraßdruck, der in der Natur die Vermehrung dieser kleinen Gehäuseschnecken begrenzt. Eine Riesenmuschel kann durchaus einige dieser „Mitesser" tolerieren, ohne Schaden zu erleiden – der stets vorhandene Räuberdruck sorgt dafür, dass ihre Zahl nicht überhand nimmt, denn die Unvorsich-

tigsten von ihnen fallen sofort irgendwelchen hungrigen Mäulern zum Opfer. Und die Schnecken ihrerseits stellen diesem Fraßdruck eine fruchtbare Produktion an Nachkommen entgegen, denn sie kleben an jedes erreichbare Hartsubstrat ihre Eimassen, aus denen schon nach wenigen Tagen winzige Schnecken schlüpfen, noch viel zu klein, um sie mit unbewaffnetem Auge zu sehen. Ihre Mahlzeit nehmen die Pyramidelliden über einen langen Saugrüssel auf, der nachts im Schutz der Dunkelheit in den Mantellappen der Riesenmuscheln gestochen wird, um an die Hämatolymphe zu gelangen. Fehlt aber der Fraßdruck der Räuber – was im Aquarium meist der Fall ist –, dann wird die starke Vermehrung dieser Schnecken schnell zum Problem. Die Überzahl der Individuen macht den Riesenmuscheln bald zu schaffen, insbesondere, weil es sich bei ihnen ja in den meisten Fällen um kleine Jungexemplare handelt.

Hat *Tubastrea* zum Fressen gern: *Epidendrium sordidum*
Foto: G. & P. Poppe, www.poppe-images.com

Frisst Borstenwürmer: *Bursa bufonia*

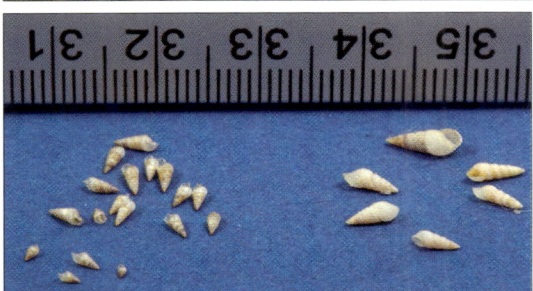

Zwei unterschiedlich groß werdende Pyramidellidae-Arten, die auf Riesenmuscheln parasitieren; die Lebendaufnahme zeigt das Saugen der Blutlymphe durch den Saugrüssel

Zahlreiche weitere Familien der Gastropoda enthalten Arten, die sich von marinen Wirbellosen ernähren. Vertreter der Trophoridae und der Cerithiopsidae fressen Schwämme und können mit diesen durchaus auch einmal in das Aquari-

um gelangen, werden dort aber zumindest unter Korallen keinen Schaden anrichten, weil sie sehr spezialisiert und oft sogar auf eine bestimmte Schwammart festgelegt sind. In der Familie Epitoniidae finden wir hingegen Schnecken, die sich ausschließlich von Steinkorallen der Gattung *Tubastrea* ernähren. Ihr Gehäuse ist ebenso gelb wie die Polypen dieser Dendrophylliiden, und mit einem langen Saugrüssel, der durch die Mundöffnung hindurch in den Gastralraum geschoben wird, gelangen sie an das Gewebe der Korallen.

Die für uns Aquarianer hilfreichen Ernährungsgewohnheiten einiger Vertreter der Gattungen *Bursa* und *Bufonaria* (beide Familie Bursidae) wurden bereits bei den Borstenwürmern ausführlicher erwähnt. Bei ihnen scheint es sich um echte Nahrungsspezialisten zu handeln, die sich

Cymatium pileare macht sich über Riesenmuscheln her.

allein von diesen Anneliden ernähren. Es wäre sicher interessant, solche Gastropoden nicht nur gelegentlich durch Zufall im aquaristischen Fachhandel anzutreffen, sondern als gezielte Importe.

Auch einige der Molluskenräuber aus der Familie Ranellidae tauchen gelegentlich im Aquarium auf, als „blinder Passagier" fest an einen Brocken Lebendgestein angesaugt oder sogar gezielt als „algenfressende Schnecke" gekauft. Für viele Menschen sind die skurril geformten Gehäuse mancher Ranelliden auch ästhetisch sehr reizvoll, ebenso wie die der Muriciden. Kauft man also einen solchen „Herbivoren", über dessen Artzugehörigkeit der Fachhändler keine genaue Auskunft geben kann, dann sollte man sein Verhalten im Aquarium in den ersten ein, zwei Wochen sorgfältig beobachten. Wenn es sich um einen Räuber handelt, dann wird er relativ schnell versuchen, sich potenzieller Beute zu nähern. Vor allem die riesenmuschelfressenden Arten der Gattung *Cymatium* sollte man aus dem Riffquarium fern halten. Diese Schnecken nähern sich den Riesenmuscheln meist unauffällig im Basisbereich und bohren sich durch

die Schale hindurch, bleiben also unbewegt in direkter Nähe der Muschel, was sofort den Verdacht des Aquarianers erregen sollte. Zwar ist der Schaden überschaubar, weil sie nur als Einzelexemplar auftreten und sich bestenfalls einer einzigen Riesenmuschel widmen können, bevor man als aufmerksamer Aquarianer das Problem erkennt, aber es kann schmerzhaft sein, auf diese Weise durch Schaden klug zu werden.

Die Eischnecken der Familie Ovulidae leben grundsätzlich auf Nesseltier-Wirten und ernähren sich von deren Gewebe. In Frage kommen neben Weich- und Hornkorallen auch Steinkorallen und sogar Hydroiden. In aller Regel tarnen sie sich hervorragend durch den weichen Mantel, den sie über ihre porzellanartig glatte Schale schieben können, denn dieser hat sich durch die Räuberselektion in Farbe und Musterung im Lauf der Zeit ihren Wirten sehr gut angepasst. Daraus folgt, dass sie sehr wirtsspezifisch sind, denn nur dadurch behalten sie ihre Tarnung. Dieses wirtsspezifische Verhalten begrenzt die Schädigung, und wenn man bedenkt, dass diese Schnecken sich nicht im Aquarium vermehren können, möchte man nicht von einer „Plage" sprechen. Hinzu kommt, dass diese Eischnecken in aller Regel ganz ausgesprochen schön sind, so dass es manchem Aquarianer leid tut, sie aus dem Aquarium zu entfernen. So erinnere ich mich beispielsweise an ein *Cyphoma-gibbosum*-Exemplar, das in einem der Arbeitsaquarien der Verhaltensforscherin Prof. Ellen THALER auf einer Hornkoralle *Swiftia exserta* lebte. Es war stets dort anzutreffen, und der Fraßschaden, den es anrichtete, war überschaubar. Ellen hatte viel Vergnügen daran, diese „Lebensgemeinschaft" zu beobachten, und niemals wäre es ihr in den Sinn gekommen, die Schnecke als „Schädling" zu bezeichnen. Ich kann mir gut vorstellen, dass es vielen Meerwasseraquarianern Freude bereiten würde, Eischnecken mit der betreffenden Wirtskoralle in einem Artenbecken zu pflegen, denn wenn es sich um eine Schnecke handelt, die eine fotosynthetische Koralle als Wirt akzeptiert, dann sollte es kein Problem sein, die Fraßverluste durch Gewebewachstum auszugleichen. Darum sind die Eischnecken wiederum ein Fall, bei dem deutlich wird, dass man bei all den Tieren, die in diesem Buch beschrieben werden, kaum mit trennscharfen Kategorien „Nützling" und „Schädling" arbeiten kann.

Die am häufigsten in Aquarien auftauchenden Eischnecken sind sicher die bereits erwähnte Art *Cyphoma gibbosum*, die auf Gorgonien lebt, sowie *Ovula ovum*, die sich auf Lederkorallen den Gattungen *Sarcophyton* und *Lobophytum* spezialisiert hat. Doch die Zahl der Eischneckenarten mit zauberhafter Farbzeichnung ist groß, und sicher finden sich viele, die fotosynthetische Wirte akzeptieren, etwa *Calpurnus verrucosus* oder *Procalpurnus lacteus* (*Sarcophyton*-Arten), *Cyphoma signatum* (karibische Gorgonien), *Globovula cavanaghi* (*Capnella*-Weichkorallen) und andere. Bei jenen *Cyphoma*-Arten, die sich auf Gorgonien spezialisiert haben (*C. gibbosum* und *C. signatum*), kann beispielsweise ein Versuch mit der überaus schnell wachsenden Art *Pseudopterogorgia americanum* unternommen werden, die unter günstigen Bedingungen sehr schnell große, dichte Bestände entwickelt.

Primovula roseomaculata und andere Eischnecken sind auf Nesseltiere als Wirte spezialisiert.

Cyphoma gibbosum ist ausgesprochen hübsch.

Ovula ovum, eine der häufigsten im Aquarium anzutreffenden Eischnecken

Einige andere, kleine Gastropoden mit starker Vermehrungstendenz, die regelmäßig im Aquarium auftauchen, haben sich auf Algen oder Biofilme als Nahrung angepasst, so dass sie die

Wurmschnecken der Familie Vermetidae sind im Aquarium fast nie Störfaktor, abgesehen von kleinen Arten, die sich in Rohrleitungen so heftig vermehren können, dass sie den Durchfluss blockieren (was zeigt, wie sehr diese Filtrierer lichtfreie Zonen mit laminarer Wasserbewegung lieben!). Im Aquarium belegt der Blick auf ihr Schleimnetz, wie unterschiedlich die Nahrungszusammensetzung dieser Geschwebefiltrierer ist. Sie fressen durchaus auch Kleintiere wie lebende Artemien (im Bild zu sehen), und die Ausscheidungen verraten reiche Nahrungsgründe.

Artenbalance im Riffbecken nicht stören bzw. diese sogar im Sinne des Aquarianers beeinflussen. Wir finden sie vor allem in den Familien Vermetidae (Wurmschnecken), Trochidae (Trochusschnecken), Columbellidae (Taubenschnecken) und Patellidae (Napfschnecken).

Die Familie Vermetidae enthält einige kleine Arten, die große Populationen erzeugen können.

Sie leben allgemein als Geschwebefiltrierer und fangen ihre Nahrung mit einem Schleimnetz aus dem Freiwasser, was nach einer Fütterung hervorragend zu beobachten ist.

Die kleinen *Stomatella*-Schnecken aus der Familie Trochidae vermehren sich im Aquarium hervorragend und ernähren sich von Algen. Sie können eine dynamische Population erzeugen,

Die ca. 10 mm großen Taubenschnecken (*Euplica scripta*) sind im Aquarium hochwillkommene Herbivore, auch wenn ihr Appetit nicht als „Problemlöser" ausreicht. Ihre rege Vermehrung sollte darum nie als „Plage" empfunden werden. Die Bilder zeigen Eiablage und -reifung.

die sich fortwährend der Nahrungsgrundlage anpasst, sind also im Riffaquarium sehr nützlich.

Auch die winzigen *Euplica*-Gehäuseschnecken (z. B. *Euplica scripta*) aus der Familie Columbellidae pflanzen sich in Aquarien teils sehr rasch fort. Die Entwicklung dieser Algen und Biofilme fressenden Mollusken ist in den Eimassen, die sie an die Aquarienscheiben kleben, sehr gut zu verfolgen, und wer genau hinschaut, kann auch die geschlüpften, winzig kleinen Jungschnecken herumkriechen sehen.

Die winzigen herbivoren Napfschnecken der Familie Patellidae vermehren sich in Riffaquarien ebenfalls oft sehr stark. Allerdings stehen sie mit anderen Arten, die sich von der gleichen Nahrungsressource ernähren, in Konkurrenz, so dass sich in der Regel entweder eine dominierende Napfschneckenpopulation bildet und *Euplica*-Schnecken ebenso in ihrer Vermehrung gehemmt werden wie die kleinen Gänsefußseesterne der Gattung *Asterina*, oder aber eine der beiden anderen Gruppen dominiert, und die Napfschnecken sind nur in geringer Zahl vorhanden. In jedem Falle sind sie harmlos. Julian SPRUNG (2001) sagt den winzigen Napfschnecken der Gattung *Diodora* nach, sie würden Gewebe kleinpolypiger Steinkorallen fressen, doch man muss bei solchen Berichten immer die Tatsache zugrunde legen, dass Steinkorallenbecken oft sehr nährstoffarm betrie-

Gehäuseschnecke der algenfressenden Gattung *Stomatella*

Napfschnecken der Gattung *Diodora* können dichte Populationen erzeugen, sind aber nützliche Herbivore.

Die Napfschnecke *Scutus unguis* gelangt gelegentlich mit Lebendgestein in das Riffaquarium, und da sie überwiegend nachtaktiv ist, wird sie oft erst nach langer Zeit bemerkt. Sie frisst neben Algen auch Weich- und Steinkorallen sowie Schwämme.

ben werden und meist nur Minimalspuren von Algenwuchs aufweisen. In solchen Fällen kann es durchaus vorkommen, dass *Diodora*-Exemplare opportunistisch werden und sich an anderer Nahrung versuchen, um nicht zu verhungern.

Der Fraßdruck, den all diese und viele weitere kleine Mollusken im Aquarium entwickeln können, ist zwar entsprechend ihrer geringen Größe nur minimal, so dass auch die Herbivoren unter ihnen nicht wirklich den Algenwuchs kontrollieren können, doch man sollte sie als willkommene Bereicherung der Artenvielfalt des Riffaquariums sehen.

Ein Vertreter der Patellidae ist allerdings mit etwas Argwohn zu betrachten: die Napfschnecke *Scutus unguis*. Sie gelangt relativ häufig mit Lebendgestein oder dem Substratgestein von Korallen unbemerkt in das Aquarium. Zwar frisst sie Algen, doch leider beschränkt sie sich nicht darauf; ihr Speiseplan umfasst auch Weichkorallen, Steinkorallen und Schwämme, sie ist also im besten Sinne omnivor. Zwar wird sie als Einzel-

exemplar im Aquarium keinen großen Schaden anrichten, und es ist in der Regel auch leicht, sie nachts zu entdecken und herauszunehmen, doch man sollte sie zumindest im Auge behalten und nach Fraßspuren an den Korallen suchen. Solange nichts dergleichen zu erkennen ist, kann man sie durchaus im Aquarium tolerieren.

Vorbeugung, Kontrolle, Bekämpfung
Die Bekämpfung der allermeisten unerwünschten Gehäuseschnecken im Riffaquarium ist sehr

einfach: Man nimmt sie heraus. Das löst bei all jenen Arten das Problem, die sich im Becken nicht vermehren können, und das ist die überwiegende Mehrheit. Dies gilt für Vertreter der Familien Ranellidae oder Muricidae ebenso wie für die Ovulidae, und die Winzlinge aus den Familien Vermetidae, Trochidae, Columbellidae und Patellidae zu bekämpfen wäre schlichtweg Unsinn.

Anders ist dies jedoch bei den Pyramidelliden, die im Aquarium durchaus dazu in der Lage sind, Riesenmuscheln der Familie Tridacnidae so sehr zu schädigen, dass diese verenden. Die „Erste Hilfe" besteht hier im täglichen Absammeln der Schnecken, insbesondere an der Unterseite der Riesenmuschel, wo sie sich gern in dem Spalt zwischen den beiden Schalen verstecken, aber auch in der Umgebung, wobei auch stets auf Eimassen geachtet werden sollte. Um den nötigen Fraßdruck auf diese Gastropoden zu erzeugen, eignen sich vor allem Lippfische. Allerdings sollte man nicht das Kind mit dem Bad ausschütten, denn große Lippfische wie ein semiadulter *Allocoris* (=*Coris*) *gaimard* können 20 mm kleine Riesenmuscheln weitaus interessanter finden als die winzigen Pyramidelliden. Besser geeignet sind daher *Halichoeres*- bzw. *Biochoeres*-Arten.

Winzige Symbiosekrabben in astbildenden Steinkorallen – vor allem *Acropora*-Arten und *Pocillopora damicornis* – sind hochwillkommene Aquarienpfleglinge und sollten keinesfalls aus der Koralle entfernt werden.

Crustacea (Krebstiere)

Wollkrabben, Fangschreckenkrebs und andere Räuber

Systematik

Es ist praktisch nicht möglich, eine bestimmte Art oder Gattung als strikt räuberisch zu beschreiben, weil ihr Verhalten im Aquarium von vielen individuellen Faktoren abhängt. Ein bestimmtes Krabbenexemplar wird sich in drei verschiedenen Aquarien möglicherweise auch unter-

Diese kleinen Majidae-Vertreter, die mit Lebendgestein ins Riffbecken gelangten, könnten zu einer Größe heranwachsen, in der sie anderen Wirbellosen Schaden zufügen würden. Doch niemand kann mit Sicherheit vorhersagen, wie sie sich verhalten werden.

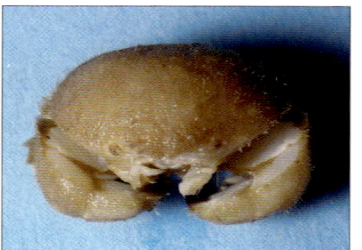 

Dieses Xanthidae-Exemlar hatte sich vollständig in eine *Sarcophyton*-Lederkoralle hineingefressen.

Ein solches winziges *Cymo*-Exemplar ist in der Regel harmlos und bleibt es meist auch im Adultstadium.

schiedlich verhalten, immer abhängig von der jeweiligen Nahrungsverfügbarkeit. Die individuellen Nahrungsgewohnheiten eines Exemplars, die letztlich auf die vorhandene Nahrung am jeweiligen Ursprungsort in der Natur zurückgehen, können sich ebenfalls auswirken. Selbst die Räuberischsten unter ihnen, etwa aus der Gattung *Pilumnus*, können tatsächlich völlig harmlos sein und unbemerkt bleiben. Darum sollte man gegen eine Krabbe nur dann Maßnahmen ergreifen, wenn man tatsächlich massive Schäden im Aquarium bemerkt und weiß, dass sie dafür verantwortlich ist. Wollkrabben der Familie Pilumnidae neigen zu räuberischem Verhalten, ebenso Felsenkrabben der Familie Menippidae, einige (nicht alle!) Vertreter der Rundkrabben Xanthidae, Schwimmkrabben der Familie Portunidae, Schamkrabben der Familie Calappidae sowie groß werdende Fangschreckenkrebse der Familie Gonodactylidae. Aber wie gesagt, das Schadpo-

tenzial an Gattung oder Art festzumachen, ergibt schlichtweg keinen Sinn. Die Tiere gelangen im Regelfall unbemerkt in das Aquarium, und wenn sie erkennbar Schaden anrichten, müssen sie herausgenommen werden, welcher Gattung sie auch angehören. Völlig harmlos hingegen sind die kleinen Korallenkrabben der Familie Trapeziidae, die vor allem in verästelt wachsenden Steinkorallen sitzen (z. B. *Acropora*- oder *Pocillopora*-Arten), oft sogar paarweise. Solche Krabbenpärchen in einer Lebensgemeinschaft mit einer Steinkoralle zu pflegen, ist ein großes Vergnügen.

Beschreibung

Es gibt natürlich viele räuberische Krebse, die im Aquarium Unheil anrichten, doch eigentlich sind sie nicht das, was ich als „Trojaner" bezeichne, weil wir ihr Ernährungsverhalten ja schon vorher kennen und sie darum nicht absichtlich in ein Riffaquarium hineinsetzen. Wer beispielsweise im Fachhandel von dem wunderschön roten Einsiedlerkrebs *Dardanus megistos* begeistert ist, dem wird jeder Fachhändler von vornherein sagen, dass es sich hierbei nur um ein Tier für ein Artenbecken handelt. Über solche Arten zu informieren, die wegen ihrer Ernährungsgewohnheiten nicht in das Riffaquarium passen, ist eher Aufgabe eines Werks wie „Das Korallenriffaquarium" von Alf Jacob NILSEN und Svein FOSSÅ, und darum führe ich sie hier nicht auf. „Trojaner", das sind eher räuberisch lebende Krabben, die unbemerkt in das Aquarium gelangen, dann heranwachsen und schließlich einen Appetit entwickeln, der über verfügbare Futterreste hinausgeht. Gelegentlich beginnen sie dann irgendwann nachts, ihre Streifzüge durch das Aquarium machen, und das hinterlässt natürlich Spuren. Oft brauchen wir Aquarianer dann aber geradezu detektivischen Spürsinn, um die Ursachen herauszufinden, denn wenn wir den Schaden bemerken, ist der Übeltäter ja schon längst über alle Berge und sitzt in seinem Versteck, um das Korallenstückchen zu verdauen, das wir gerade vermissen. Vielfach nehmen wir bei Weichkorallen dann nicht gleich die Fraßspuren wahr, sondern sehen zunächst nur, dass die Koralle sich über längere Zeit nicht richtig öffnet. Und wenn wir schließlich die Schädigung irgendwann erkennen, vermuten wir vielleicht zunächst räuberische Nacktschnecken. Es kann also eine ganze Weile dauern, bis wir anfangen, nach einem Krebs als Verursacher zu suchen.

Krebs-Winzlinge können zu enormer Größe heranwachsen. Ich erlebt, wie sich in einem Nano-Riffaquarium, in das ich mehrere etwa gleich große Krebschen hineingesetzt hatte, die sich definitiv untereinander friedlich verhalten hatten, ein Einzelner von ihnen den anderen über den Kopf hinauswuchs und schließlich die anderen „halben Portionen" einen nach dem anderen fraß. Und es dauert eine ganze Weile, bis man das bemerkt, weil die Krebse sich die meiste Zeit über verstecken. Hüten Sie sich aber davor, in jedem Krebs, den Sie nicht selbst ins Aquarium gesetzt haben, einen potenziellen Übeltäter zu sehen. Ich würde nicht einmal unruhig schlafen,

Diese kleinen Porcellanidae-Vertreter reisten ebenfalls mit Lebendgestein ins Riffbecken. Sie sind absolut harmlos.

wenn ich solche Krebse entdeckt hätte, denn die weitaus meisten von ihnen sind absolut harmlos. Es ist wirklich nur ein winzig kleiner Prozentsatz der Krebse, der im Aquarium Unheil anrichtet. Man überschätzt meist die Gefahr, die von ihnen ausgeht, vor allem, weil sie so versteckt leben. Ich bin sicher, Sie würden staunen, wenn Sie wüssten, wie viele kleine Krebse in einem einzigen Brocken Lebendgestein existieren. In jedem! Ein ganzer Mikrokosmos an Würmern und Krebsen befindet sich darin – darum heißt es ja „Lebendgestein"; dieses Wort bezieht sich nicht nur auf die Kalkalgen und Schwämme, die

Neopetrolisthes oshimai lebt als Kommensale in Seeanemonen (hier *Entacmaea quadricolor*), doch gelegentlich wird auch einmal ein Anemonententakel abgezupft. Trotzdem ist er absolut harmlos.

ihn überziehen. Knallkrebse schießen darin um die Wette und kommunizieren regelrecht miteinander – Tiere, die wir vielleicht niemals zu Gesicht bekommen werden. Ein gesundes Riffaquarium beherbergt ein Vielfaches dessen, was an Fischbesatz darin lebt, an Krebsen im Gestein. Wir sollten also jeden Krebs, dem wir bei einer nächtlichen Inspektion zufällig begegnen, höchstens freundlich grüßen, aber keineswegs in Panik geraten und versuchen, ihn herauszufangen. Schon gar nicht, wenn kein Schaden erkennbar ist – vielleicht aus der Angst heraus, „er könnte ja vielleicht irgendwann...". Kein Kommisar wird einen Mörder suchen, wenn er keine Leiche hat. Selbst ein Krebs, der wie die rund 3 cm (Carapaxbreite) groß werdenden *Cymo*-Arten mit speziell umgebildeten Bürsten an einer Koralle kratzt und sich von deren Gewebe und Schleimsekreten ernährt, die daran haften bleiben, ist kein „Schädling" – auch wenn das zunächst para-

dox klingen mag. Diese *Cymo*-Arten sind streng territorial, jeder Krebs verteidigt also sein Revier. Die Folge ist einerseits, dass die Dichte dieser Krebse nicht sehr groß wird und dadurch die Belastung für die einzelne Koralle nicht zu sehr ansteigen kann. Darüber hinaus wird jeder der Krebse seine „Wohnkoralle" auch gegen andere Räuber verteidigen – allein schon aus existenziellen Gründen. Man kann also die Beziehung zwischen diesem Krebs und seiner Wirtskoralle nicht einfach deshalb auf die Kategorie „Parasitismus" reduzieren, weil er ja an der Koralle kratzt – dazu ist das System natürlicher Beziehungsgeflechte zu komplex. Ähnlich verhält es sich bei anderen Tieren, die in einer Assoziation mit Korallen leben, etwa Korallengrundeln der Gattung *Gobiodon*. Selbst Clownfische beißen ab und zu einen Tentakel ihrer Wirtsanemone ab, und auch die kleinen Porzellankrebse der Gattung *Neopetrolisthes* fügen ihrer „Wohn-Anemo-

Der kleine, grüne *Gonodactylus viridis* oder die gelbe *Pseudosquilla ciliata* sind harmlos und können durchaus im Riffaquarium toleriert werden. Schwierigkeiten kann der sehr groß werdende *Odontodactylus scyllarus* bereiten.

ne" gelegentlich einen kleinen Schaden zu. Wer wollte diesen Vorgang einfach auf einen parasitären Tatbestand reduzieren – all das sind Beziehungen zwischen unterschiedlichen Organismen, deren gegenseitige Nutzeffekte wir oft nur zum Teil wahrnehmen können. Für so komplexe Beziehungen zwischen verschiedenen Lebewesen haben wir Menschen einfach keine Verhaltenskategorien. Mit dem bisschen Gewebe, das eine Koralle durch den Krebs verliert, bezahlt sie sozusagen vielleicht gern für einen viel größeren Dienst, den er ihr leistet.

Mit jedem Brocken Lebendgestein gelangen zahlreiche Krebse in das Riffbecken, darunter beispielsweise winzige Knallkrebse der Gattung *Alpheus*, die wir normalerweise nie zu Gesicht bekommen, sondern nur hören. Auch viele Krabben sind dabei, und nur ein verschwindend kleiner Anteil dieser winzigen Aquariengenossen hat das Potenzial, später im Becken Unheil anzurichten.

Doch ihre Ähnlichkeit mit einer Wollkrabbe der Gattung *Pilumnus* wird dem *Cymo*-Krebschen sicher bald zum Verhängnis, denn der Aquarianer, der es bei einer nächtlichen Inspektion findet, wird sicher glauben, einen potenziellen „Plagegeist" erwischt zu haben. Und dabei kann man nicht einmal den tatsächlich räuberisch lebenden *Pilumnus*-Wollkrabben prinzipiell schädigendes Verhalten unterstellen. Viele bleiben jahrelang unbemerkt, oft sogar ihr Leben lang.

Kontrolle, Bekämpfung

Unter Meerwasseraquarianern in den USA wird gelegentlich der Rat gegeben, in ein frisch mit Lebendgestein eingerichtetes Riffaquarium zunächst für zwei Wochen einen Kraken hineinzusetzen, einen *Octopus vulgaris*, damit dieser es von sämtlichen Krebsen befreit. Der Krake spürt seine Lieblingsspeise selbst im hintersten Winkel des Aquariums auf und wird auch den letzten Krebs bald aus dem Gestein gezogen haben.

Kastenfallen wie diese mit hängenden Lamellen, die sich nur nach innen öffnen, hält der Fachhandel bereit. Damit lassen sich Krebse problemlos fangen.

Dann erst sei das Aquarium bereit für das Einsetzen von Wirbellosen und Korallenfischen. Das ist blanker Unsinn – wer so verfährt, schüttet nicht nur das Kind mit dem Bade aus, sondern schmeißt auch gleich noch die Badewanne hinterher. Die enorme Zahl unterschiedlichster Krebse im Lebendgestein ist ein Teil der Artenvielfalt, deretwegen wir das Riffaquarium überhaupt aufstellen. Manche Aquarianer scheuchen sogar die winzigen kommensalen Krebschen aus einer Steinkoralle heraus, weil sie befürchten, ihre Koralle könnte leiden. Damit zerstören sie aus Unkenntnis eine absolut faszinierende Lebensgemeinschaft.

Aber was können wir tun, wenn ein Krebs Schaden anrichtet? Zunächst: Wir können kaum verhindern, dass ab und zu ein solcher ruppiger Geselle in das Riffbecken gelangt. Die Artenvielfalt der Krebse ist gewaltig, und man kann, wie bereits betont, das Verhalten nicht allein an der Art festmachen, weil es sehr von der jeweiligen Ernährungssituation abhängt, wie sich der Krebs verhält. Ein satter Räuber hält die Scheren still, und ein eigentlich friedfertiger Geselle lässt sich vom Hunger zu ganz erstaunlichen Frechheiten treiben, wenn er satt werden will. Wir dürfen einen solchen Krebs nicht zum „Schädling" abstempeln, dem man Nahrung verweigert – je hungriger er ist, umso mehr Schaden wird er verständlicherweise verursachen. Versuchen Sie darum zunächst, den Krebs zu füttern. Finden Sie mittels nächtlicher Inspektionen mit einer rot leuchtenden Taschenlampe heraus, wohin er sich zurückzieht, und reichen Sie ihm zwei- oder dreimal pro Woche einen Brocken Speisefisch. Wenn er dann Ruhe gibt, haben Sie gewonnen.

Wenn nicht, sollten Sie eine Krebsfalle einsetzen. Krebse, die nachts auf Raubzug gehen, sind nicht nur neugierig und gefräßig, sondern meist auch rotzfrech. Tagsüber sind sie vorsichtig, aber nachts, im Schutz der Dunkelheit, werden sie mutig. Beispielsweise eignen sich Kastenfallen mit einem Lamellenvorhang, der sich nur nach innen öffnet, hervorragend für diesen Zweck.

Aber was tun, wenn der Krebs nicht auf Raubzüge geht, sondern in seiner Höhle bleibt und vorbeischwimmende Fische fängt? Natürlich kann es sein, dass der eine oder andere Meerwasseraquarianer in einem seiner Lebendgesteinsbrocken einen anfangs winzig kleinen Fangschreckenkrebs beherbergt, aus dem im

Auch ein großer Fangschreckenkrebs wie dieser *Odontodactylus scyllarus* ist ein hochinteressanter Pflegling für ein Artenbecken. Allein schon seine Augen, von denen jedes für sich dazu in der Lage ist, dreidimensional zu sehen, sind fantastisch.

Tiere sehr eindrucksvoll, so dass man sich gut vorstellen kann, dass sie Fischen gefährlich werden. Wenn wir einen solchen Krebs aber ebenso füttern wie die Fische und er nicht unter Nahrungsmangel leidet, dann wird er im Aquarium auch nicht als Räuber auftreten. Dass hier und da ein Räuber sitzt, das wissen die Fische längst, das kennen sie aus dem Meer, und sie halten sehr präzise Abstand zu ihnen – millimetergenau (THALER 2006a). Nur ihr eigener Hunger treibt sie dazu, diese Mindestdistanz zu unterschreiten. Ist der Hunger der Fische größer als ihre Vorsicht, dann kommen sie dem Fangschreckenkrebs zu nahe und werden sein Opfer. Besonders dann, wenn er ebenso hungrig ist wie sie. Sind aber beide – der Krebs und die Fische – satt und zufrieden, können sie auch im Aquarium friedlich miteinander leben. Lediglich bei Grundeln und *Alpheus*-Knallkrebsen ist in Kombination mit einem Fangschreckenkrebs Vorsicht angeraten. Wenn Sie tatsächlich den riesig groß werdenden *Odontodactylus scyllarus* ins Aquarium bekommen haben – etwa mit Lebendgestein – und er zu einer Größe herangewachsen ist, die für Ihr Aquarium und die Größe seiner Bewohner wie *Stonogobiops*-Grundeln und den dazu passenden *Alpheus*-Knallkrebs *A. randalli* schlichtweg intolerabel ist, dann sollten Sie versuchen, ihn lebend zu fangen. Andere Autoren raten bisweilen dazu, mit einem scharfen Gegenstand in der Höhle herumzustochern, um den Krebs tödlich zu verletzen, denn dann habe man Ruhe. Hat man auch, durchaus, aber das ist dann eine Art „Friedhofsruhe", die wir im Aquarium eigentlich nicht haben wollen. Den Stein mit seiner Wohnhöhle einfach aus dem Becken zu nehmen, wie oben geraten, wäre die einfachste Lösung, doch meist leben diese Tierchen zwischen den Steinen oder unter den Gesteinsbrocken. In diesen Fällen sollten Sie einen Stein einsetzen, der ihm eine perfekte Wohnhöhle bietet, besser als seine bisherige. Zieht er dort ein, nehmen Sie den Stein einfach aus dem Aquarium und setzen ihn in ein Artenbecken, denn dort ist dieser Fangschreck ein hervorragender und hochinteressanter Pflegling.

Lauf der Zeit ein riesig großes Exemplar wird. Und ich gebe zu, diesen Krebs dann mit einer Falle zu fangen, ist unmöglich, weil er ein Lauerjäger ist, der seine Höhle nicht verlässt – er hat schlichtweg keinen Grund, in eine Falle zu gehen. Stellen Sie sich zunächst erst einmal die Frage, ob Sie nicht zum Fangschreckenkrebs-Liebhaber werden können. Diese Tiere sind absolut faszinierend, und wenn es Ihnen gelingt, Gefallen an dem Krebs zu finden, werden Sie vielleicht sogar Freunde. Wollen Sie ihn nur loswerden, weil Ihnen jemand gesagt hat, er sei ein „Schädling"? Vielleicht hat er ja noch keinen großen Schaden angerichtet – und möglicherweise wird es dazu auch gar nicht kommen. Dulden Sie ihn dort, wo er ist, oder nehmen Sie den ganzen Stein, in dem er wohnt, heraus, um ihn in ein Artenbecken zu setzen, dann haben Sie aus der Not eine Tugend gemacht. Und: Füttern Sie ihn reichlich und regelmäßig, denn wenn er satt ist, lässt er Ihre Fische in Frieden.

Zwar wird der Großteil der Fachhändler und Aquarianer beschwören, dass Fangschreckenkrebse im Aquarium fortwährend Fische fangen und töten, doch die meisten haben dies nicht persönlich erlebt, sondern gehört oder gelesen. Und natürlich sind auch die Werkzeuge dieser

Rankenfüßer (Cirripedia)

Cirripedien, auch Rankenfüßer genannt, sind eine kleine Gruppe der Krebse, deren Vertreter sessil leben und ein eigenes, pockenförmiges Kalkgehäuse produzieren. Manche Arten existieren kommensal auf Korallen, sitzen in einem Koralliten, in den sie eingedrungen sind, und den sie zu ihrem Gehäuse umfunktioniert und nach oben verlängert haben. Andere Arten bauen sich ein komplettes Gehäuse direkt auf dem Koralliten und lassen dieses dann vom Gewebe der Koralle überwachsen. Nur eine kleine und sehr charakteristisch spaltförmige Öffnung ist dann zu sehen. Darum bemerkt man diese eigentümlichen Krebse oft erst durch ihre krallenförmige und sich rhythmisch schließende Struktur, das Cirripedium, das in regelmäßigen Intervallen wie eine Greifhand herausgestreckt wird, um vorbeitreibendes Plankton zu erhaschen.

Diese kleinen Kommensalen sind harmlos und schaden der Koralle nicht. Wenn Sie einige von ihnen entdecken, sorgen Sie sich nicht um die Koralle, sondern freuen Sie sich über diese interessante Lebensgemeinschaft. Diese Krebschen können sich im Aquarium nicht vermehren, und sie benötigen mehrmals täglich feine Schwebenahrung, z. B. Zyklops.

Diese Cirripedien sind keine „Trojaner", sondern eine Bereicherung der Artenvielfalt, die der Koralle nicht schadet. Man sollte sich bemühen, sie durch regelmäßige Schwebefütterung gesund zu erhalten.

Tunicata (Manteltiere)

Grüne Kissenseescheide (*Trididemnum miniatum*)

Systematik

Bei der Grünen Kissenseescheide aus der Familie Didemnidae handelt es sich um einen kleinen, sozialen Tunikaten aus den Tropen. Der Begriff „sozial" bedeutet bei Seescheiden, dass mehrere einzelne Zooide bestimmte anatomische Strukturen gemeinsam nutzen. Zwar sind diese Seescheiden fotosynthetisch, doch sie besitzen nicht Zooxanthellen der Gattung *Symbiodinium*, wie Korallen oder Riesenmuscheln, sondern die Alge *Prochloron didemni*.

Beschreibung

Die Tiere bilden grüne, flache, kissenförmige Beläge auf dem Gestein, die aus dicht gedrängt stehenden, rundlichen Einheiten bestehen. Mit einem Vergrößerungsglas erkennt man die einzelnen Zooide dieser sozialen Seescheide. Bei starker Ausbreitung sieht man bald auch einzelne algenartige „Kissen" an den Aquarienscheiben, und an der Scheibe sind pseudopodienähnliche Fäden zu beobachten, mit denen sie am Untergrund haften.

Vermehrungsfördernde Faktoren

Diese Seescheiden können sich nach den wenigen bisher vorliegenden Erfahrungen im herkömmlichen Riffaquarium etablieren und eine massenhafte Vermehrung entwickeln. Der wesentliche Faktor ist die Beleuchtung.

Vorbeugung, Kontrolle, Bekämpfung

Begrenzende Faktoren für diese Seescheide sind noch nicht bekannt, werden aber vermutlich in mineralischer Verarmung des Wassers und in spezialisierten Seescheidenfressern zu finden sein. Von Algenfressern werden sie nicht angerührt. Doch bisher ist noch nicht sicher, dass diese Seescheiden wirklich in die Kategorie einzuordnen sind, deren Vertreter ich in diesem Buch als „Trojaner" bezeichne, denn trotz der massenhaften Vermehrung dieser interessanten Tunikaten konn-

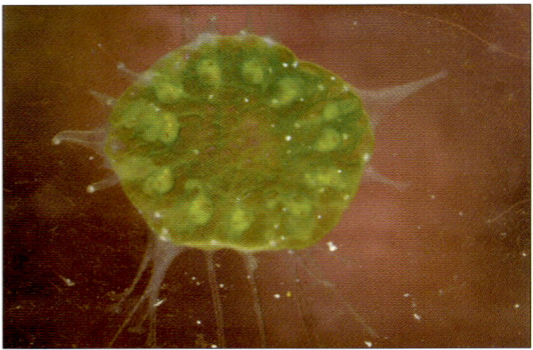

Noch ist nicht sicher, dass die aquaristische Vermehrung dieser fotosynthetischen Seescheide tatsächlich unkontrollierbar werden kann – es liegen zu wenige Erfahrungen mit ihr vor.

ten bisher keine invasiven Entwicklungen oder Verschiebungen der Artenbalance beobachtet werden. Solange dies nicht der Fall ist, sollte man ihre Etablierung im Aquarium als Bereicherung der Artenvielfalt begrüßen. Sollte sich in der Zukunft herausstellen, dass es unter bestimmten Umständen doch zu massiven Beeinträchtigungen

Kriechsprossalgen der Gattung *Caulerpa* sollten nicht mitten in die Korallen hineinwachsen können.

anderer sessiler Wirbelloser kommen kann, so dass die Notwendigkeit besteht, die Seescheiden zu limitieren, kann dies sehr leicht mit der „alkalischen Verätzung" mit Hilfe von Kalziumhydroxid geschehen (siehe unter „Chemische Kontrolle").

Algen

Kriechsprossalgen (*Caulerpa*)

Systematik
Die Gattung *Caulerpa* umfasst rund 75 Arten, darunter einige sehr langsam wachsende, aber auch extrem schnellwüchsige.

Beschreibung
Manche *Caulerpa*-Arten können im Aquarium ohne die Hilfe herbivorer Tiere schwer zu kontrollieren sein, weil sie nicht nur schnell wachsen, sondern auch sehr weiche Kriechsprosse besitzen, die sich zudem fest an den Untergrund krallen, so dass man sie kaum vollständig abreißen kann. *Caulerpa racemosa* ist eine solche Art, die auf diese Weise dem Fraßdruck widersteht, weil oft winzige Reste zurückbleiben, aus denen sie wieder heranwächst.

Vermehrungsfördernde Faktoren
Hoher Nährstoffgehalt des Wassers, starke Beleuchtung

Vorbeugung, Kontrolle, Bekämpfung
Manuelle Kontrolle ist bei einigen Arten gut möglich, doch man sollte beachten, dass diese Kriechsprossalgen das Gift Caulerpin besitzen und beim Zerreißen freisetzen. Es hemmt Korallen im Wuchs. Bei sehr weichen *Caulerpa*-Arten helfen Kaninchenfische (z. B. ein Paar *Siganus vulpinus*) oder Doktorfische (z. B. ein Paar *Zebrasoma flavescens*) am besten.

Fadenalgen der Gattung *Bryopsis* tauchen vor allem in relativ frisch eingerichteten Riffaquarien auf.

Fadenalgen der Gattung *Derbesia* entwickeln sich vor allem in gereiften Riffaquarien mit höheren Nährstoffkonzentrationen und sind sehr schwer zurückzudrängen.

Fadenalgen (*Derbesia, Bryopsis*)

Systematik

Fadenalgen der Gattung *Bryopsis* treten eher in jüngeren Riffbecken auf, solche der Gattung *Derbesia* vor allem in älteren und nährstoffreichen Aquarien.

Beschreibung

Fadenalgen der Gattung *Bryopsis* unterscheiden sich von *Derbesia* dadurch, dass die einzelnen Filamente zum Ende hin gefiedert sind. In phosphat- und nitratreichen Becken erzeugen sie oft hartnäckige Plagen, die schwer zu beenden sind.

Arten der Gattung *Derbesia* gehören zu den lästigsten Plagen in der Meeresaquaristik. Sie überziehen Dekorationsgestein und andere feste Flächen mit ihren dichten Polstern, die aus feinsten Filamenten bestehen, und sie überwachsen dabei nahezu alle sessilen Wirbellosen, so dass sie im Korallenbestand schweren Schaden anrichten können. Wegen der Fraßhemmstoffe, die sie produzieren, sind bei längeren Fadenalgen kaum Herbivore zu finden, die sie gern vertilgen; lediglich extrem kurze „Rasen" werden durch verschiedene Herbivore weiterhin kurz gehalten. Massenvermehrungen sind schwer zu kontrollieren, weil diese Alge über Ausscheidungen ihr Umgebungsmilieu manipuliert und andere Algen zurückdrängt, was ihren eigenen Wuchs verstärkt.

Vermehrungsfördernde Faktoren

Hoher Nährstoffgehalt des Aquarienwassers, Präsenz einer großen Algenmenge im Aquarium, die über Sekrete das Milieu steuert

Vorbeugung, Kontrolle, Bekämpfung:

Am besten ist eine zweigleisige Bekämpfung:

a) Erzeugen Sie durch Minimalfaktoren einen Mangel: Nährstoffe reduzieren (Nitrat und Phosphat begrenzen), die Karbonathärte oberhalb von 7 °dKH halten, einen CO_2-Mangel herstellen (CO_2-Eintrag durch Kalkreaktor vermeiden), morgens Kalkwasser einsetzen, um die Menge von freiem CO_2 zu reduzieren (unter pH-Kontrolle!)

b) Führen Sie zugleich mechanische Eingriffe durch, um die Menge vorhandener Algensubstanz fortwährend zu beschränken: regelmäßig manuelles Entfernen vorhandener Fadenalgenbestände durch rigoroses Abbürsten und gleichzeitig intensive mechanische Filterung gegen schwebende Algenreste (starke Tauchpumpe mit Wattefiltertopf) sowie Aktivkohlefilterung gegen freigesetzte Algensekrete).

Kurze „Algenrasen" können durch Herbivore (Gehäuseschnecken, Doktorfische, Kaninchenfische, Seeigel) kurz gehalten werden. Ein Algenrefugium mit um die vorhandenen Ressourcen konkurrierenden *Chaetomorpha* kann die Maßnahmen unterstützen.

Kugelalgen der Gattungen *Ventricaria* und *Valonia* können zu echten „Trojanern" werden und das gesamte Riffaquarium in Besitz nehmen.

Kugelalgen (*Valonia, Ventricaria*)

Systematik
Kugelalgen der Gattungen *Valonia* bilden keulenförmige Zellen, während Vertreter der ähnlichen Gattung *Ventricaria* eine Kugelform zeigen.

Beschreibung
Valonia und *Ventricaria* können im Riffaquarium auch ohne starke Nährstoffanreicherung erhebliche Bestände erzeugen, die alle festen Oberflächen überziehen. Der Kugeldurchmesser liegt meist deutlich unterhalb von 10 mm, doch einige *Ventricaria*-Arten vermögen sehr große Kugeln zu bilden, die dann meist einzeln stehen. Die Vermehrung erfolgt nicht nur vegetativ durch Knospung, sondern auch geschlechtlich, indem sich im Inneren der Kugeln Tochterzellen bilden, die durch das Auflösen der (zuvor transparent gewordenen) Mutterzelle freigesetzt werden.

Vermehrungsfördernde Faktoren
Die Präsenz zahlreicher Algenthalli – also der „Kugeln" – im Aquarienwasser fördert über freigesetzte Sekrete das Wachstum dieser Art; je mehr davon sich im Becken befinden, umso schneller vermehren sie sich also.

Vorbeugung, Kontrolle, Bekämpfung
Manuelles Entfernen durch Zerdrücken der festgewachsenen Thalli (dabei gut abschäumen und über Aktivkohle filtern). Man sagt, die freigesetzten Sporen würden schnell zur Wiederansiedlung neuer Algen führen, doch das konnte ich nie beobachten. Wer dies befürchtet, kann es durch eine UV-Entkeimung wirksam verhindern – und letztlich geschieht beim Fraß der Kugelalgen durch herbivore Fische das Gleiche. Als Algenfresser empfehlen sich vor allem Kaninchenfische der Gattung *Siganus* (z. B. ein Paar *S. vulpinus*).

Bürstenalgen (*Cladophoropsis*)

Systematik
Algen der Gattung *Cladophoropsis* wirken äußerlich wie Fadenalgen, unterscheiden sich von *Bryopsis* und *Derbesia* aber durch ihre extrem feste Struktur.

Bürstenalgen der Gattung *Cladophoropsis* sind geradezu der „Prototyp des meeresaquaristischen Trojaners", weil sie nicht nur nach und nach alle lichtzugewandten Oberflächen des Dekorationsgesteins mit ihren festen, bürstenartigen Polstern überziehen, sondern auch so hartnäckig sind, dass man sie nur mit zähem Ringen zurückdrängen kann.

Beschreibung

Bürstenalgen der Gattung *Cladophoropsis* bilden Filamente, die sehr reißfest sind und extrem fest am Gestein haften. Zwar sehen sie mit ihrem saftigen Grün hübsch aus, doch ihr Vermehrungspotenzial ist gewaltig, so dass sie große Teile der Steindekoration überziehen und Wirbellose schwer schädigen können.

Vermehrungsfördernde Faktoren

Ein hoher Nährstoffgehalt des Wassers fördert das Wachstumstempo, ebenso ein großer Bestand dieser Alge im Aquarium.

Vorbeugung, Kontrolle, Bekämpfung

Cladophoropsis-Bürstenalgen können nach meinen Erfahrungen nur durch den ausgesprochen algenhungrigen Pfaffenhutseeigel (*Tripneustes gratilla*) kontrolliert werden. Es ist nahezu unmöglich, sie bei einer Plage mechanisch vollständig zu entfernen, z. B. durch Abbürsten, weil sie aus Resten schnell wieder heranwachsen. Sehr frühes Bekämpfen ist ratsam.

Bohralgen an Steinkorallen und Riesenmuscheln

Systematik

Endolithische Algen der Gattung *Ostreobium*

Beschreibung

Die Algen der Gattung *Ostreobium* erzeugen im Kalkskelett von Steinkorallen eine grüne Verfärbung und sind in der Aquaristik als Bohralgen bekannt, weil man weiß, dass sie in das Skelett eindringen und es zerstören können. In der Wissenschaft sind sie inzwischen als Symbiosepartner bestimmter Steinkorallenarten beschrieben worden (SCHLICHTER et al. 1990, 1995, 1997), die mit ihnen eine stabile Lebensbeziehung eingehen. Es scheint, dass dieses Gleichgewicht im Aquarium durch bestimmte Faktoren gestört wird und dann regelrecht entgleist (KNOP 2002).

Auch in den leeren Schalen von Riesenmuscheln sind oft Bohralgen nachweisbar, die normalerweise jedoch nicht das Verenden des Tiers verursacht haben. Dass hier eine symbioseähnli-

Bohralgen der Gattung *Ostreobium* sind normalerweise keine Belastung, weil sie unter normalen Bedingungen weder Steinkorallen noch Riesenmuscheln schaden. Erst bei stark erhöhter Nährstoffkonzentration kann es zu Schwierigkeiten kommen, da sie sich dann zu stark vermehren.

che Beziehung zwischen Tier und Alge bestanden haben könnte, ist allerdings kaum wahrscheinlich (KNOP 2009).

Vermehrungsfördernde Faktoren
Hohe Nährstoffgehalte (Nitrat und Phosphat) scheinen die hauptverantwortlichen Faktoren für die überschießende Vermehrung endolithischer Algen im Skelett aquariengehaltener Steinkorallen zu sein, die dieses schließlich zerstören können.

Vorbeugung, Kontrolle, Bekämpfung
Nährstoffgehalt des Wassers langfristig niedrig halten, möglichst im Bereich natürlicher Konzentrationen

Kieselalgen (Diatomeen)

Systematik
Braune Beläge sind im Meeresaquarium meist auf Kieselalgen zurückzuführen, beispielsweise *Nitzschia* und ähnliche Gattungen.

Beschreibung
Diatomeen sind Algen, die ein Silikatgehäuse besitzen, was bei ihnen einen hohen Bedarf an Silikat erzeugt.

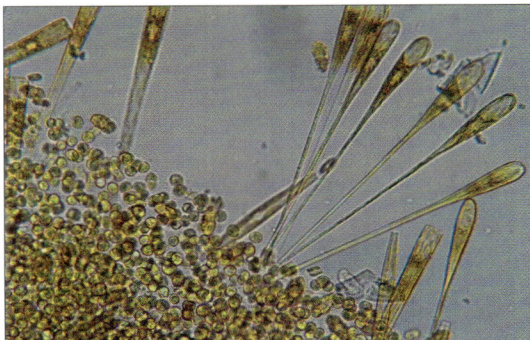

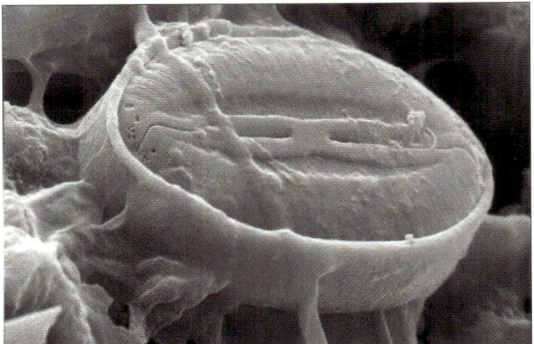

Kieselalgen vermehren sich nur so lange, wie ausreichend Silikat zur Verfügung steht. Dann gehen die schmierigen, braunen Beläge von selbst zurück. Das Mikroskopfoto zeigt eine *Nitzschia*-Art auf einer weiteren Diatomee, und das Rasterelektronenmikroskop-Foto (REM) macht die Schachtelform der Kieselalgen deutlich.
REM-Foto: K.-H. Linne von Berg

Vermehrungsfördernde Faktoren
Im Aquarium ist die Vermehrung von Kieselalgen extrem von der verfügbaren Silikatmenge abhängig, weshalb man sie in frisch eingerichteten

Aquarien regelmäßig antrifft, bis der Silikatgehalt durch Verbrauch zurückgeht. Auch ein sehr umfassender Teilwasserwechsel kann dazu führen, dass sie sich für einige Tage wieder stark vermehren. Treten sie dauerhaft auf, wird meist über das Nachfüllwasser viel Silizium zugeführt.

Vorbeugung, Kontrolle, Bekämpfung
Bei Neueinrichtung und Teilwasserwechsel sind keine Maßnahme nötig, bei dauerhaftem Auftreten sollte man jedoch den Silikateintrag reduzieren (z. B. Umkehrosmosewasser verwenden oder Verdunstung reduzieren).

Goldalgen (Dinoflagellaten)

Systematik
Gambierdiscus-Dinoflagellaten sind mikroskopisch kleine Einzeller. Etwa die Hälfte der bekannten Dinoflagellaten-Arten leben fotosynthetisch. Einige von ihnen können im Riffaquarium

Gambierdiscus toxicus, im Aquarium und unter dem Mikroskop   2 Fotos: J. Sprung

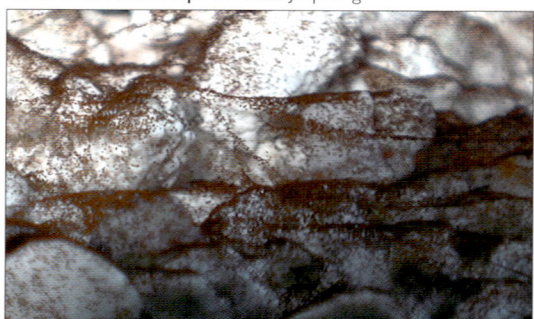

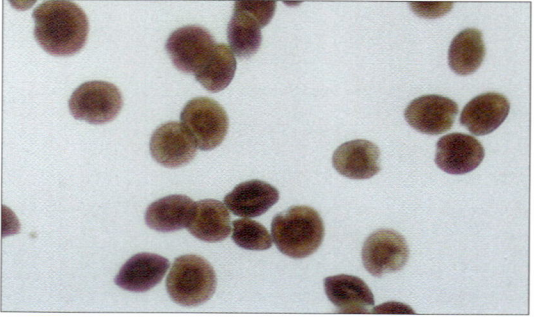

auftreten und zu einer Massenvermehrung führen, die nur schwer beherrschbar ist.

Beschreibung
Bräunlich goldfarbene Beläge überziehen alle lichtzugewandten Oberflächen im Aquarium mit einem dünnen Schleier, und im Gegensatz zu Kieselalgen lassen sich diese Schleier mit einer leichten Wasserbewegung („fächelnde" Hand) fortwehen. Bei abgeschalteter Wasserströmung bilden diese Dinoflagellaten „Ketten" mit spinnenwebähnlichen Fäden im Freiwasser, und die Vermehrung erfolgt so extrem schnell, dass vollständig abgesaugte Bestände innerhalb weniger Stunden ersetzt werden. Bei starker Vergrößerung erkennt man bei einigen Arten eine typische, kreiselnde Bewegung, die mit Hilfe der Flagellen erzeugt wird. Auch im Meer bilden diese Algen bisweilen Blüten mit enormer Massenvermehrung, die das Wasser goldgelb oder rot färben („Rote Tide") und durch Neurotoxine, die Muskellähmungen verursachen, giftig macht.

Vermehrungsfördernde Faktoren
Eisenversorgung, freies CO_2 im Wasser, wahrscheinlich auch ein hoher Nährstoffgehalt fördern die Massenvermehrung, doch durch niedrige Phosphat- und Nitratkonzentrationen allein lässt diese sich nicht kontrollieren.

Vorbeugung, Kontrolle, Bekämpfung:
Dinoflagellaten reagieren auf Eisenmangel erheblich empfindlicher als Grünalgen. Maßnahmen gegen ihre Massenvermehrung sind daher: Teilwasserwechsel und Spurenelementzufuhr vermeiden sowie das Einrichten eines Refugiums mit *Chaetomorpha*-Drahtalgen, um über Konkurrenzdruck das Milieu für die Goldalgen zu verschlechtern. Auch der morgendliche Einsatz von „Kalkwasser" (Kalziumhydroxid) kann durch Verringerung des freien CO_2 im Aquarienwasser die Vermehrung bremsen, das Problem jedoch langfristig kaum lösen. Vorsicht mit einer Kalkwassergabe am Nachmittag oder Abend, da durch die Fotosynthese der Algen der pH-Wert ohnehin schon hoch sein dürfte (pH-Kontrolle!).

Cyanobakterien bereiten der Meerwasseraquaristik auch heute noch enorme Probleme.

Cyanobakterien oder „Rote Schmieralgen" überwuchern vitale Korallen und schädigen viele Arten dadurch empfindlich.

„Rote Schmieralgen" (Cyanophyceen, Cyanobakterien)

Systematik

Cyanobakterien gehören, wie im ersten Teil des Buches erwähnt, zu den ältesten Lebewesen unseres Planeten. Wie der Begriff „Cyanobakterien" sagt, zählen sie zu den Bakterien und sind keine Algen, auch wenn wir sie in der Aquaristik gewöhnlich als „Schmieralgen" bezeichnen. Sie haben in den drei Milliarden Jahren ihrer Existenz enorme Fähigkeiten entwickelt, sich an die unterschiedlichsten Bedingungen anzupassen und Engpässe mit Tricks zu überwinden. Im Meeresaquarium handelt es sich meist um Arten der Gattung *Oscillatoria*.

In diesen 140-l-Becken, Teil der bereits erwähnten Versuchsanlage mit 15 Einzelbecken, die wassertechnisch alle miteinander in Verbindung standen und auch mit einem 6.000-l-Riffbecken korrespondierten, entwickelten sich bisweilen heftige Cyanobakterien-Vermehrungen in Einzelbecken, obgleich in den Nachbarbecken praktisch keinerlei Befall zu sehen war. Das belegt eindrucksvoll die Aussage, dass die Anwesenheit der Cyanobakterien im Wasserkreislauf nicht zwangsläufig zu deren Etablierung im Aquarium führt, sondern dass weitere Faktoren im jeweiligen Becken gegeben sein müssen.

Beschreibung

Cyanobakterien oder „Rote Schmieralgen" bilden rote Beläge auf allen lichtzugewandten Oberflächen. Das Absaugen allein hilft in der Regel nicht, denn das Wachstumstempo ist in einem für sie günstigen Milieu sehr rasant – schon am nächsten Tag ist meist wieder ein roter „Teppich" vorhanden. Diese Bakterien vermögen mit bestimmten Farbpigmenten Restlichtstrahlung zu verwerten, die Grünalgen nicht verarbeiten können – so haben sie lichtschwache Zonen erobert. Im Gegensatz zu Algen sind sie dazu in der Lage, durch physiologische Tricks elementaren Stickstoff in Ammonium umzuwandeln. Auf diese Weise so überstehen sie einen Nitratmangel. Sie legen in ihrem Innern Phosphatdepots für schlechte Zeiten an, und wenn auch das nicht reicht, können sie bei bestimmten biochemischen Reaktionen das Phosphat durch andere Substanzen ersetzen, damit das wenige vorhandene Phosphat für jene Reaktionen zur Verfügung steht, bei denen es unersetzlich ist. Auch ein Phosphatmangel ist daher innerhalb bestimmter Grenzen für sie kein Problem. Die Liste der physiologischen Raffinessen, die sie beherrschen, ist unendlich lang und sicher alles andere als vollständig erforscht.

Vermehrungsfördernde Faktoren

In der Korallenriffaquaristik werden die Cyanobakterien allgemein in „Klarwasseralgen" und in „Schmutzwasseralgen" eingeteilt, womit man das Auftreten von Cyanobakterien in frisch eingerichteten Riffaquarien mit unbelastetem Wasser und in gereiften, alten Riffbecken kategorisieren möchte. Ich halten es jedoch für denkbar, dass dieser Unterschied nicht wirklich existiert, und dass stattdessen die Cyanobakterien in beiden Fällen durch denselben Faktor begünstigt werden: die Entkoppelung von Nitrat- und Phosphatwert im Aquarienwasser.

Normalerweise entwickeln sich Nitrat- und Phosphatanreicherungen proportional zueinander. Im frisch eingerichteten Riffaquarium kann es aber sein, dass der bakterielle Nitratabbau sehr schnell zustande kommt (z. B. im Innern von Lebendgestein oder in größerer Tiefe des Bodengrundes), so dass sich zwischen Phosphat- und Nitratwert eine „Schere" öffnet; sie entwickeln sich nicht proportional zueinander, denn der Nitratwert ist niedrig, der Phosphatwert aber deutlich höher – auch wenn es absolut gesehen noch kein hoher Wert ist. Grünalgen sind dann kaum zum Wachsen zu bringen, weil ihnen der Stickstoff fehlt, Cyanobakterien dagegen breiten sich unter solchen Bedingungen gern aus, weil sie, wie erwähnt, eine andere Stickstoffquelle zu nutzen wissen.

In einem gereiften Riffbecken hingegen können umfassende Teilwasserwechsel Nitrat- und Phosphatkonzentration des Aquarienwassers stark absenken, woraufhin Phosphatdepots an kalkhaltigen Oberflächen wieder in Lösung gehen, so dass die Phosphatkonzentration innerhalb weniger Tage auf den alten Wert ansteigt, während der Nitratwert unverändert niedrig bleibt.

In beiden Fällen ist das Ergebnis ein hoher Phosphatwert, der von einem niedrigen Nitratwert begleitet wird. Algen erleiden bei einer niedrigen Nitratkonzentration und hohen Phosphatwerten einen relativen Stickstoffmangel, während sich Cyanobakterien über das Fixieren elementaren Stickstoffs nach Belieben selbst versorgen können. Sie leiden dann nicht unter dem Nitratmangel, ganz im Gegenteil, sie profitieren vom Kümmern der Algen, weil sie dadurch mehr CO_2 zur Verfügung haben.

Auch Mischformen sind denkbar, beispielsweise wenn ein Aquarianer beim Einrichten das

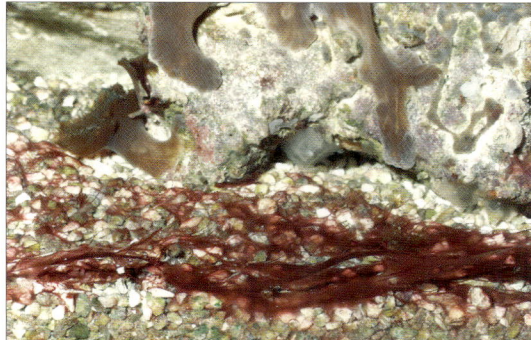

Ein experimenteller Versuch, Cyanobakterien bei abgeschalteter Strömung mit einer dünnen Kalkschlammschicht (Kalziumhydroxid) zu bedecken, führte bei 24-stündiger Einwirkung zum Untergang der Beläge, konnte das Problem aber nicht dauerhaft lösen.

alte Dekorationsgestein eines anderen übernimmt, der sein Becken auflöst, im guten Glauben, damit die biologische Reifung zu beschleunigen. In Bezug auf den Nitrifikationskreislauf tut er das zwar, aber er lädt sich mit zumeist vor-

Wenn die Bedingungen für Cyanobakterien schlechter werden, löst sich die gesamte Schicht vom Substrat. In dieser Situation ergibt das Absaugen der Beläge außerordentlich viel Sinn.

handenen Phosphatdepots eine Hypothek auf die Schultern, die er mit frisch importiertem Lebendgestein aus dem Aquaristikfachhandel vermieden hätte, denn die Nitratkonzentration in seinem Becken ist dann niedrig, der Phosphatgehalt jedoch noch weitaus höher als üblicherweise in der Einfahrphase, was die „Schere" zwischen Phosphat- und Nitratkonzentration noch vergrößert.

Was dann geschieht, hängt auch sehr vom Eisengehalt des Wassers ab, weil, wie im ersten Teil des Buches bereits erwähnt, die Umwandlung von Luftstickstoff in Ammonium, mit der die Cyanobakterien ihren Stickstoffbedarf decken, ein stark Eisen zehrender Vorgang ist (BALLING 2009). Reicht man den Cyanobakterien bei hohem Phosphatgehalt und gleichzeitigen Stickstoffmangel (niedriger Nitratwert) ausreichend Eisen, dann gelingt ihnen die Umwandlung des Luftstickstoffs in Ammonium.

Doch auch viele andere Faktoren können den Cyanobakterienwuchs fördern, etwa gelbe und rote Spektralanteile im Licht, während Blaustrahlung von ihnen schlechter genutzt wird als von Grünalgen.

Vorbeugung, Kontrolle, Bekämpfung

Trotz aller Fortschritte in der modernen Korallenriffaquaristik gehören Massenvermehrungen von Cyanobakterien noch immer zu den größten Schwierigkeiten in diesem Hobby. Zur Bekämpfung empfiehlt sich folgendes Vorgehen:

- Schwermetallvergiftungen ausschließen (Umkehrosmosewasser einsetzen, Filterung über Aktivkohle und/oder andere Adsorber, z. B. „Poly-Filter" oder „Purigen", keine Metallgegenstände mit dem Wasser in Kontakt bringen, z. B. Edelstahlpinzetten, auch nicht kurzzeitig)
- Phosphat- und Nitratgehalt auf niedrige Werte bringen und eine Entkoppelung dieser beiden Konzentrationen voneinander verhindern (Nitratreduktion durch Teilwasserwechsel und hohen, feinen Bodengrund, Phosphatreduktion durch herkömmliche Phosphatadsorber, bei sehr hohen Konzentrationen auch mit Lanthanchlorid (KNOP 2009a)
- zu starke und zu schwache Abschäumung vermeiden (Relation zur tatsächlichen Wasserbelastung herstellen)
- Beleuchtung mit hohen Kelvin-Werten (z. B. 12.000–15.000 K) unter Ausschluss roter Spektralanteile
- „Schmieralgen" regelmäßig absaugen
- Die Eisenkonzentration im System verringern – jegliche Eisenzufuhr ausschließen, evtl. Konkurrenzdruck durch Grünalgen in separatem Algenbecken (*Chaetomorpha linum!*), die mit geringsten Stickstoff- und CO_2-Mengen versorgt werden (z. B. ein umsatzstarkes, nicht herbivores Tier) und Eisen verbrauchen.

Nicht Problem, sondern Lösung: Drahtalgen (*Chaetomorpha linum*)

Systematik

Die Algen der Gattung *Chaetomorpha* sollen hier nicht als „Trojaner" vorgestellt werden, denn sie sind extrem leicht zu kontrollieren und bereiten praktisch nie Schwierigkeiten. Vielmehr führe ich sie hier auf, weil ich sie für die mit Abstand bestgeeigneten Algen für ein Algenbecken halte, mit dem man über Konkurrenzdruck im Aquari-

Chaetomorpha linum ist der vermutlich am meisten unterschätzte „Problemlöser" in der Korallenriffaquaristik.

um eine Massenvermehrung anderer Algen zurückdrängen möchte.

Beschreibung

Chaetomorpha linum bildet drahtähnliche Filamente, die stark gewunden sind und Ähnlichkeit mit einem Topfkratzer aus Kunststoff haben. Diese Gattung ist in der Riffaquaristik wahrscheinlich diejenige, deren positives Potenzial am meisten unterschätzt wird. Bei *C. linum* handelt es sich um einen Mehrzeller, weshalb diese Alge beim Abreißen von Teilbeständen nicht „ausblutet" und Sekrete freisetzt – ganz anders als *Caulerpa*-Arten. Außerdem produziert sie keine giftigen Substanzen, die ins Wasser gelangen könnten. Da sie sich in der Regel nicht an Oberflächen befestigt, sondern frei schwebende Kissen bildet, ist sie außerordentlich leicht zu kontrollieren. Kleintieren bietet sie im Refugium ein hervorragendes Substrat. Ihr Wuchspotenzial ist extrem groß und übersteigt nach meiner Erfahrung sogar das von Kriechsprossalgen.

Einsatz

Diese Algengattung ist ein hervorragender Ersatz für *Caulerpa*-Arten in einem Algenrefugium, das an ein Riffaquarium angeschlossen ist, um Konkurrenzdruck auf andere Algen zu erzeugen. Prinzipiell ist dies bei jeder Algenplage ratsam; Details sind im ersten Teil des Buches erwähnt. Würden Aquaristik-Fachgeschäfte diese extrem leicht zu haltende Alge gezielt vermehren, um sie

Anders als *Caulerpa*-Kriechsprossalgen ist *Chaetomorpha* kein Einzeller und setzt beim Zerreißen auch kein giftiges Sekret frei.

zu verkaufen, wäre sie bald jedem Aquarianer zugänglich. Solange dies noch nicht der Fall ist, können interessierte Aquarianer sie beispielsweise über Ebay im Internet erwerben.

Chaetomorpha linum lässt sich extrem leicht vermehren, besitzt ein sehr großes Wachstumspotenzial, neigt nicht zu Zusammenbrüchen der Population und ist ungiftig – bestens geeignet für ein Algenbecken.

3. Teil – Wachstumskontrolle im Aquarium

Physikalische Kontrolle

Innerhalb des Aquariums

Der einfachste Weg, ungeliebte Wirbellose aus dem Aquarium zu bekommen, ist natürlich, sie mechanisch zu entfernen, durch Abbürsten, Abschaben, Abkratzen und noch einiges mehr. Aber bei vielen Arten ist das mit Nachteilen verbunden. Nur in wenigen Fällen bzw. bei wenigen Arten können wir auf diese Weise den gesamten Organismus/die gesamte Population aus dem Becken entfernen. Und, wie bereits im ersten Teil des Buches verdeutlicht, können Sekrete, die dabei freigesetzt werden, den übrigen Individuen derselben Art Fraßaktivitäten an Artgenossen signalisieren, was einen wohlgeordneten Aktionsplan in Bewegung zu bringen vermag – wenn diese Tiere für einen solchen Fall nicht gerüstet wären und ihre Tricks hätten, dann wären sie kaum dazu in der Lage gewesen, den natürlichen Fraßdruck bis heute zu überleben. Sobald wir ein Einzelexemplar einer Wirbellosenart im Aquarium verletzen, teilen wir den übrigen Vertretern dieser betreffenden Art mit, dass sie unser Gegner sind, und seinen Gegner sollte man nie unterschätzen.

Ein weiterer Nachteil ist, dass freigesetzte Sekrete andere Arten schädigen können. Das ist ganz besonders bei den hochgiftigen Krustenanemonen zu beachten, aber auch andere Arten sind durchaus dazu in der Lage, nennenswerte Schädigungen zu verursachen. Einfaches Abbürsten ist darum in den wenigsten Fällen zu empfehlen. Ich habe dies eigentlich nur bei *Derbesia*-Fadenalgen getan, die anders kaum zu entfernen sind – dann allerdings mit gründlichster mechanischer Schnell- und intensiver Aktivkohlefilterung. Wir bringen beim Abbürsten praktisch die gesamte abgeschabte Substanz ins Freiwasser, was ein sehr großer Nachteil ist. Bisweilen ist das allerdings nicht zu vermeiden, etwa in Großaquarien, in denen die Steindekoration fest einzementiert und inzwischen von „Trojanern" überwuchert ist. Ich erinnere mich dabei nicht nur an meine eigenen Aquarien, sondern beispielsweise auch an das große Halbrundbecken des Löbbecke-Aquazoos, in dem vor einigen Jahren weite Teile des Substrates von Krustenanemonen überwuchert worden waren.

Das Einsammeln von „Trojanern" wie invasiv wachsenden Krustenanemonen ist im Groß-Riffaquarium nicht ganz einfach.

In solchen Fällen habe ich im Aquarium sogar schon mit einem herkömmlichen Hochdruckreiniger gearbeitet. Das mag zunächst absurd klingen, doch wir tun dabei im Grunde nichts anderes, als das verdunstete Wasser mit Leitungswasser zu ersetzen – nur eben mit deutlich höherem Druck als sonst und sehr zielgerichtet. Dabei können recht große Areale von sämtlichen Aufwuchsorganismen befreit werden, und die Wirkung auf weiter entfernte Wirbellose ist minimal. Nachteilig ist neben der Freisetzung von Sekreten und dem Verdriften der abgelösten Substanzen, dass dabei auch enorm viele winzigste Gasbläschen ins Wasser gelangen und zugleich Sedimente aufgewirbelt werden, was

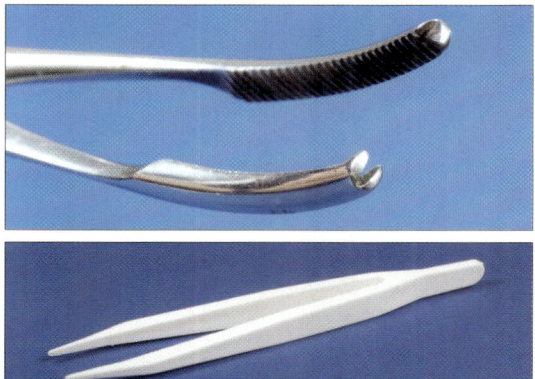

Prüfende Blicke in das große Riffaquarium von Pieter van Suijlekom

einem rasend schnell die Sicht nimmt, so dass man das Areal im Grunde blind bearbeiten muss. Aber es gibt Fälle, in denen auf diese ruppige Weise vorgegangen werden muss, weil einfach keine andere Möglichkeit besteht.

Weitaus besser ist es, wenn man sich den betreffenden Polypen tatsächlich einzeln widmen kann, etwa mit einer Hakenpinzette (chirurgische Pinzette), um sie Stück für Stück vom Substrat zu entfernen. Das ist natürlich nicht bei jeder Art praktikabel. Bei kleinen Seeanemonen wie *Thalassianthus aster* oder „*Anemonia*" cf. *manjano* funktioniert das meist noch gut, ebenso bei Scheibenanemonen, doch das betrifft vor allem Einzelexemplare. Kaum jemand wird versuchen, Hunderte von Polypen auf diese Weise abzureißen.

Um diese Methode effektiver zu gestalten, konstruierte ich zum Bekämpfen von *Protopaly-*

Eine chirurgische Klemme oder Pinzette (Hakenpinzette) hilft, wirbellose „Trojaner" besser zu greifen. Allerdings sollten solche Metallinstrumente im Meerwasseraquarium nur ausnahmsweise verwendet werden, weil auch bei Edelstahl die Freisetzung von Schwermetallen wie z. B. Nickel zu befürchten ist. Besser geeignet sind darum Pinzetten aus Kunststoff.

 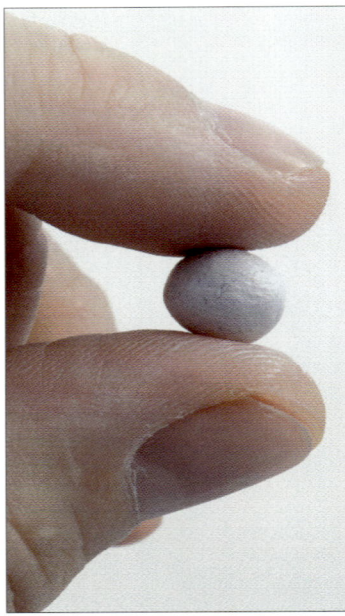 

Ein Kügelchen Unterwasser-Epoxidharz kann Glasrosen an schwer zugänglichen Stellen vernichten.

Vorrichtung zum Absaugen und gleichzeitigen Abschaben von Krustenanemonen vom Hartsubstrat – ein Eisenwinkel aus dem Baumarkt wird am Vorderende scharf angeschliffen und mit Nylon-Kabelbindern am Schlauch befestigt.

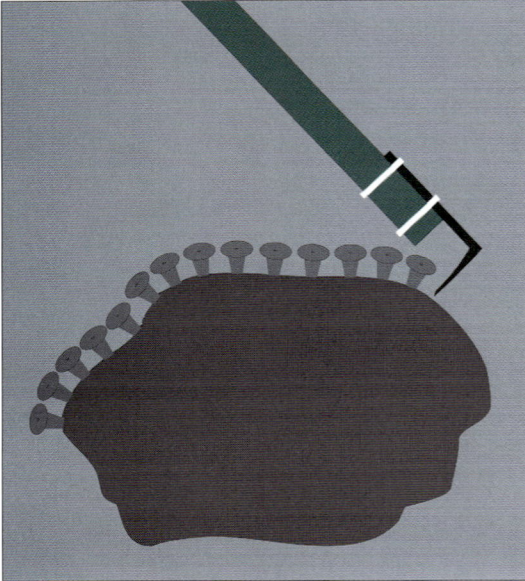

thoa-Krustenanemonen eine Vorrichtung, mit der man beim Schaben gleichzeitig absaugen kann. Das Ganze besteht im Grunde nur aus einem herkömmlichen PVC-Schlauch, in den ein Kunststoffrohr eingesteckt ist, und auf diesem Rohr sitzt vorn ein endseitig scharf angeschliffener Metallwinkel. Man kratzt damit auf dem Substrat, und gleichzeitig wird abgesaugt. Das Ganze verbindet man sinnvollerweise mit einem Teilwasserwechsel. Auf diesem Weg kann man beispielsweise in großen Becken bei jedem Teilwasserwechsel in einem kleinen Areal unerwünschte Wirbellose entfernen.

Manchmal sind Glasrosen oder andere stark kontraktionsfähige Nesseltiere an einer senkrechten Fläche oder sogar an der Unterseite des Gesteins verankert, so dass man sie nicht auf chemischem Weg bekämpfen kann. An solchen besonders schwer zugänglichen Stellen hilft es, das Tier regelrecht im Gestein einzumauern. Früher, in den 1980er-Jahren, verwendete ich hierzu frisch angemischten Zement, der zu knetmasseähnlicher Konsistenz angemischt und in Kugelform auf das Gestein gedrückt wurde. Das würde zwar heute noch immer funktionieren, doch inzwischen empfiehlt sich dafür eher ein Unterwasser-Epoxidharz. Nach dem Vermischen der beiden unterschiedlich gefärbten Komponenten drückt man ein Kügelchen des Harzes auf die entsprechende Stelle des Gesteins, an der sich der Polyp befindet. Er ist dadurch „eingemauert", und das Epoxidharz wird bald von Kalkalgen und anderen Besiedlern überwachsen, ist also kaum noch sichtbar. Noch effektiver funktioniert dies, wenn der Polyp seinen Fuß in einer Vertiefung im Gestein verankert hat, in die er sich bei Belästigung zurückziehen kann, denn seine Haustür wird dann „verkorkt" wie eine Sektflasche.

Außerhalb des Aquariums

Sehr viel einfacher ist es, wenn wir die betreffenden Steinsubstrate außerhalb des Aquariums bearbeiten können. Darum empfehle ich, grundsätzlich bei allen Meerwasseraquarien – gleich welcher Größe – die Dekorationselemente herausnehmbar zu gestalten. Zugegeben, bei einem Großaquarium kann das sehr schwierig sein, doch ich halte es einfach für die Ideallösung. Je größer das Riffbecken, um so schwieriger wird es sein, eine für uns Aquarianer tolerable Balance zwischen den einzelnen sessilen Wirbellosen zu halten. Und zugleich werden Eingriffe technisch schwieriger. Das bedeutet einerseits, dass das Gestein nicht fest einzementiert oder eingeklebt sein sollte. Es bedeutet aber andererseits auch, dass das lose Aufschichten von Lebendgestein ebenfalls nicht sinnvoll ist, weil wir uns dann im Bedarfsfall kaum der Mühe unterziehen werden, die gesamte Dekoration abzubauen, weil wir gerade den wichtigsten Stützstein aus dem unteren Drittel brauchen, ohne den der gesamte Steinhaufen zusammenstürzen würde. Wenn wir hingegen dazu in der Lage sind, einzelne Elemente herauszunehmen, dann können wir sie erheblich gezielter bearbeiten und von unerwünschten Wirbellosen befreien. Dazu gibt es dann zahlreiche Möglichkeiten, und oft ist auch das einfache

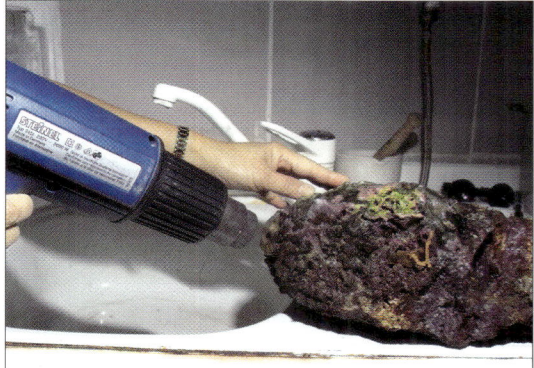

Wer unerwünschten Aquariengenossen einmal richtig einheizen möchte, ist mit einem Heißluftgebläse gut beraten.

mechanische Abschaben oder Abkratzen möglich. In solchen Fällen arbeite ich aber auch gerne mit einem Heißluftgebläse, mit dem man „Trojanern" so richtig einheizen kann. Auf diese Weise lässt sich sehr gezielt durch enorme Hitzeeinwirkung das lebende Gewebe zerstören, ohne Gefahr zu laufen, ausladende astbildende Steinkorallen zu beschädigen. Schon bei lediglich sekundenlanger Einwirkung der Hitze sind die Organismen irreparabel geschädigt und auf Nimmerwiedersehen verschwunden. Dass dies auch so bleibt und nicht etwa aus Polypenresten eine neue Kolonie heranwächst, dafür garantiert das gleichzeitige Erwärmen der oberen Gesteinsschicht. Auch zwischen Steinkorallen mit einem Abstand ab 6–8 cm kann man so gezielt das Substrat von Krustenanemonen und anderem Aufwuchs befreien.

Ein Hochdruckreiniger kann das Aquariengestein von unerwünschtem Aufwuchs befreien.

Bei Krustenanemonen ist das auch aus Sicherheitsgründen ratsam, weil beim Ergreifen mit einer Pinzette oft das giftige Sekret aus ihrem Innern herausgepresst wird und dabei leicht ins Auge spritzen kann (wie ich aus eigener Erfahrung zu bestätigen vermag). Das Vorgehen mit lokaler Einwirkung starker Hitze bietet noch einen weiteren Vorteil: Bei Arten, die ein Stolonengeflecht dicht am Gestein anheften, etwa den Hydroiden *Myrionema amboinensis*, gelingt es kaum, allein mit Pinzette und Bürste die Polypenkolonie wirklich restlos zu entfernen; meist wachsen sie aus Stolonenresten wieder heran. Nehmen wir dagegen die betreffenden Steine aus dem Wasser, um sie mit Hitze zu bearbeiten, dann ist das Problem gelöst. Natürlich können Sie das trockengelegte Gestein auch mit einer Pinzette bearbeiten. Aber verwenden Sie dabei unbedingt eine Schutzbrille, z. B. eines der preiswerten Exemplare aus dem Baumarkt. Glauben Sie mir, das lohnt sich ...

Bei Dekorationssteinen, die vollflächig von „Trojanern" überwuchert waren – z. B. Krustenanemonen, Scheibenanemonen oder „*Anemonia*" cf. *manjano* –, verfahre ich meist noch rigoroser, indem ich die betreffenden Steine im Garten mit einem Hochdruckreiniger vom Aufwuchs befreie. Wenn man dabei schnell arbeitet und nach ca. 15 Sekunden den Stein für eine halbe

Minute in einen Eimer legt, der mit Aquarienwasser gefüllt ist, dann ist kaum eine nennenswerte Süßwasserschädigung zu erwarten, erst recht nicht in größerer Tiefe des Gesteins. Die Süßwasserwirkung funktioniert dann nicht viel anders, als wenn wir einem kranken Korallenfisch ein 20 Sekunden dauerndes Süßwasserbad geben. Oft ergibt es sogar Sinn, zwei oder drei auf dem Lebendgestein stehende Steinkorallen wie *Acropora*-Exemplare vorher zu entfernen, um sie anschließend mit Unterwasser-Epoxidharz wieder aufzukleben. Eine solche Radikalsanierung ist manchmal besser und für die Koralle schonender, als monatelang wieder und wieder im Aquarium unter Wasser einzugreifen.

Chemische Kontrolle

Vorsicht!

Im folgenden Abschnitt wird die Bekämpfung von „Trojanern" mit Hilfe chemischer Substanzen beschrieben. Dazu gehört nicht nur Kalziumhydroxid, sondern auch Lugol'sche Lösung, die Jod enthält, und das Antibiotikum Chloramphenicol. Diese Substanzen können bei falscher oder unsachgemäßer Anwendung Schaden anrichten, und darum müssen sie absolut sicher gelagert (Kinder!) und mit äußerster Sorgfalt eingesetzt werden. Chloramphenicol ist verschreibungspflichtig; dieses Medikament darf nur der Tierarzt verordnen. Bei der Verwendung aller Chemikalien in der Aquaristik sollte man Staub-

Chemische Bekämpfung durch alkalische Verätzung

maske und Schutzbrille einsetzen, denn das Einatmen fein pulverisierter Chemikalien kann fatale Folgen haben (was übrigens schon für den freigesetzten „Staub" beim Ein- schütten einer Meersalzmischung ins Wasser gilt!). Auch Schutzhandschuhe sind sinnvoll, weil diese Substanzen neben Allergien auch Hautreizungen auslösen können.

Das Hantieren mit Skalpell oder Injektionskanüle muss sehr vorsichtig geschehen. Wer damit ungeübt ist und sich sehr auf seine „Trojaner" konzentriert, kann sich leicht verletzen, insbesondere, wenn die Sicht durch die Wasseroberfläche erschwert ist.

Und – last, but not least – wir müssen beim Einsatz des alkalischen Kalziumhydroxids im Aquarium natürlich immer berücksichtigen, dass es den pH-Wert drastisch anheben kann. Darum muss sichergestellt werden, dass es bei der lokalen Anwendung dieser Chemikalie zu kei- nen generalisierten Effekten kommt (pH-Kontrolle, Strö- mung während der gesamten Behandlung vollständig ab- schalten und eine solche Behandlung nur dann durchfüh- ren, wenn die übrigen Aquarienbewohner und das Ge- samtmilieu eine solche Abschaltung tolerieren!). Zum Umgang mit Chloramphenicol will ich Ihnen außerdem die weiter unten gegebenen Hinweise ans Herz legen, die wirklich wichtig sind.

Alkalische Verätzung

Anstatt unerwünschte Wirbellose mechanisch zu entfernen, kann man sie auch durch die Wir- kung von Chemikalien zerstören. Viele Aquaria- ner verwenden dafür Substanzen wie Salzsäure, doch dies wirkt sich meist negativ auf das Aqua- rienwasser aus, in unterschiedlichster Weise. Stattdessen bin ich schon vor fast zwei Jahr- zehnten dazu übergegangen, ausschließlich Kal- ziumhydroxid dafür einzusetzen, weil dessen langfristiger Effekt auf das Wasser durch Stüt- zung des Kalziumgehaltes und Heben der Puffer- fähigkeit positiv ist. Ich bezeichne dieses Ver- nichten von Nesseltieren durch die Wirkung von Kalziumhydroxid als „alkalische Verätzung". Na- türlich muss dies immer unter pH-Kontrolle ge- schehen, doch wenn man vor der Anwendung die Wasserumwälzung vollständig abschaltet, so dass die dicke Kalkmilch an der Applikations-

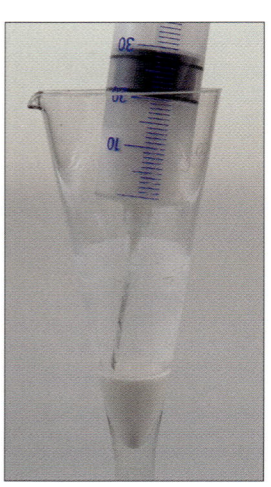

Ein Teelöffel Kalziumhydroxid wird in das Mischgefäß gegeben und mit Wasser verrührt. Nach ca. 20 Sekunden Wartezeit werden die beiden oberen Drittel der Lösung durch die Kanüle hindurch in die Spritze eingesaugt. Das untere Drittel verwenden wir nicht, denn es enthält die gröbsten Bestandteile, meist auch Verklumpungen.

stelle bleibt, und das Hydroxid mitsamt dem zerstörten Gewebe nach ein oder zwei Stunden absaugt, dann gelangt extrem wenig Kalziumhydroxid ins Freiwasser, so dass der pH-Wert sich kaum verändert. Dadurch ist man auch nicht auf nur zwei oder drei Nesseltier-Exemplare beschränkt, sondern kann tatsächlich umfassende Behandlungen durchführen – doch wie gesagt empfehle ich dabei dennoch eine stete pH-Kontrolle, um auf der sicheren Seite zu sein. Grenzwert sollte pH 8,5 sein – wer diesen versehentlich deutlich überschritten hat, kann nach Absaugen des Kalziumhydroxids und Einschalten leichter Strömung als Notfallmaßnahme ein Glas Selterswasser ins Aquarium geben (langsam vor einer Umwälzpumpe einlaufen lassen, ebenfalls mit pH-Kontrolle!). Bei abgeschalteter Strömung wird sich der pH-Wert aber nur lokal in direkter Nähe des Applikationsortes verändern, und wenn wir nach ein oder zwei Stunden Einwirkzeit die Strömung nicht einfach wieder einschalten, sondern das zerstörte Nesseltiergewebe mitsamt dem Kalziumhydroxid vorher absaugen, wie empfohlen, sollten wir kein pH-Problem haben. Das Ganze wird sinnvollerweise mit einem Teilwasserwechsel verbunden.

Herstellung von Kalkmilch

Die Herstellung der Kalkmilch ist recht einfach. Am besten eignet sich dafür ein Glaszylinder, besser noch ein Spitzglas, aber auch andere schmale und hohe Gefäße können verwendet werden. Nur sollte der Behälter nicht flach und breit sein, weil wir darin die gröberen Bestandteile der Mischung, die unsere Kanüle verstopfen könnten, kaum durch Sedimentierung loswerden.

Wir mischen einen Teelöffel Kalziumhydroxid in Pulverform mit der dreifachen Volumenmenge Leitungswasser und rühren alles gut durch. Anschließend lassen wir diese Mischung etwa 20 Sekunden unbewegt stehen, damit sich die gröberen Sedimente und vor allem Verklumpungen nach unten absetzen können. Dann ziehen wir die oberen zwei Drittel dieser Mischung durch die Kanüle in eine Spritze hinein. Die Kanüle stellt sicher, dass wir keine zu groben Bestandteile einsaugen, die später beim Applizieren der Lösung eine Verstopfung verursachen könnten, denn das ist bei der Behandlungsprozedur immer sehr störend. Günstiger ist es daher, das Vorhandensein gröberer Bestandteile schon beim Einsaugen festzustellen und die Mischung noch ein paar Sekunden länger sedimen-

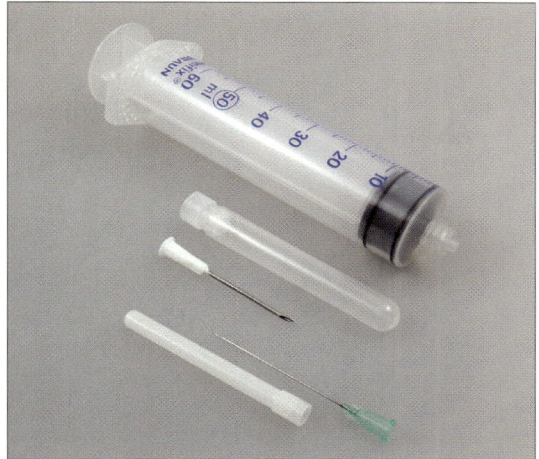

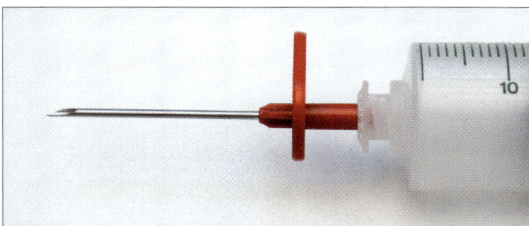

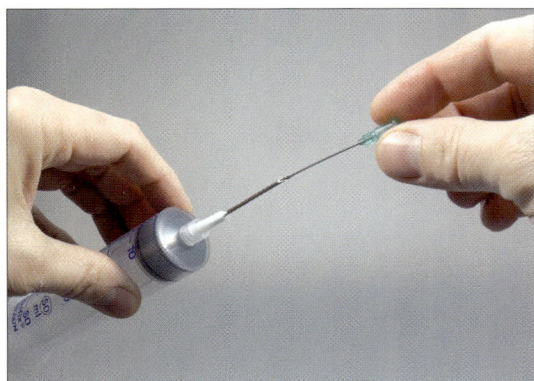

Neben einem schmalen, hohen Behälter zum Anmischen der Kalkmilch benötigen wir eine große Kunststoffspritze sowie eine dicke Kanüle und, falls diese trotz der Vorsichtsmaßnahmen einmal verstopft, zum Freistechen eine dünnere Kanüle.

tieren zu lassen. Was durch die Kanüle ins Innere der Spritze gelangt ist, passt in der Regel auch auf umgekehrtem Weg wieder hindurch und wird später nicht uns Schwierigkeiten bereiten, sondern den „Trojanern".

Wir benötigen allerdings eine sehr dicke Kanüle, denn dünnlumige Kanülen werden schon beim Aufziehen der Lösung sehr schnell durch Verklumpungen verstopft. Ich verwende hierfür am liebsten den im Bild gezeigten Kanülentyp, einen sehr kurzen mit einem Innenlumen von 1 mm (Außendurchmesser 1,6 mm). Falls es doch einmal zum Verschluss kommt, durchsteche ich die Öffnung mit einer zweiten, erheblich dünneren Kanüle. Das geht sehr schnell, und gleich kann weitergearbeitet werden. Achten Sie jedoch auf die Kanülenspitzen, denn die haben einen scharfen Anschliff, und man kann sich daran leicht verletzen.

Applikationsmöglichkeiten

Injektion in die Wirbellosen

Um das Verdriften der alkalischen Kalkmilch durch die Wasserströmung zu verhindern, sollte die Umwälzung während der Anwendung vollständig abgestellt werden. Ich lasse sie in der Regel auch danach noch einige Zeit abgeschaltet, weil ich bei einer solchen Behandlung meist zusätzlich einige Exemplare der betreffenden Organismen vollständig mit der Kalkmilch überdecke.

Das Abspritzen der Organismen wäre im Prinzip sehr einfach, wenn sich die Polypen nicht schon bei der ersten Berührung durch die Kanüle mit einem Ruck zurückziehen würden. Vor allem bei Glasrosen ist das zu beobachten, aber auch bei den kleinen „Manjano"-Anemonen und anderen Arten, etwa *Thalassiantus aster*. Um dies zu vermeiden, wende ich einen sehr einfachen Trick an: Ich halte die Kanüle zunächst einige Millimeter über dem Tier und lasse einige winzige Kalkmilch-Tröpfchen auf Tentakel oder Mundscheibe herabsinken. Der Kontakt der Polypenoberfläche mit der stark alkalischen Substanz führt augenblicklich zu einer vollständigen Lähmung der Aktinie, so dass anschließend ohne Eile die Kanülenspitze in das Gewebe des Polypen versenkt werden kann, um die tödliche Fracht an der richtigen Stelle zu deponieren. Man kann auch direkt durch die Mundöffnung in den Gastralraum injizieren oder daneben in die Körpersäule. Nur sollte man den Gas-

Träufeln Sie eine winzige Menge der Kalkmilch auf Tentakel oder Mundscheibe der vollständig geöffneten Glasrose, dann ist der Polyp augenblicklich gelähmt und bewegungsunfähig, kann sich also nicht zurückziehen. Das gibt Ihnen Zeit, die Kanüle sorgfältig zu platzieren und die Kalkmilch zu deponieren.

tralraum meiden, solange der Polyp sich noch nicht vollständig zusammengezogen hat, weil er sonst beim Kontrahieren des Körpers die Substanz schnell wieder ausstoßen kann.

Abdecken der Wirbellosen

Vor allem bei sehr kleinen Polypen ist das treffgenaue Injizieren schwierig, insbesondere wenn wir eine sehr großlumige Kanüle verwenden, um das Verstopfen mit der Kalkmilch zu verhindern. Bei einer 2 mm messenden, winzigen Glasrose wird es kaum gelingen, eine dicke Kanüle hineinzustechen. Auch wenn die Polypen sehr zahlreich sind, ist das Injizieren in jeden einzelnen sehr mühsam und zeitraubend. In diesen Fällen empfehle ich stattdessen, die dicke, weiße Kalkmilch – natürlich bei abgeschalteter Wasserumwälzung – direkt auf den betreffenden Polypen

Exemplare von „*Anemonia*" cf. *manjano* werden mit Kalkmilch abgedeckt, einige Stunden später kann der weiße, schleimige Belag abgesaugt werden. Während der Behandlung Strömung abstellen und pH-Wert im Auge behalten.

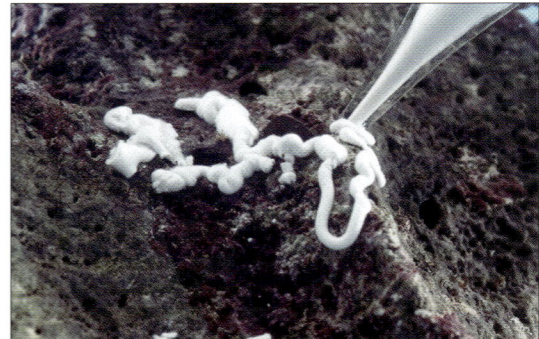

Mit Wasser vermischtes Kalziumhydroxidpulver verteilt sich im Aquarium oft rasch. Kurzes Erhitzen macht die Masse jedoch pastös, so dass sie sich im Aquarium gezielter platzieren lässt.

zu deponieren und sie mit einem schneeweißen Überzug zu versehen, den ich dann üblicherweise 1–2 Stunden wirken lasse. Anschließend sollte, wie erwähnt, das zerstörte Gewebe mitsamt der Kalkmilch abgesaugt werden, um erst hierauf die Wasserumwälzung wieder einzuschalten. Zwei Stunden ohne Wasserumwälzung schaden einem gesunden Riffaquarium in der Regel nicht.

Obgleich ich bei Abschalten der Strömung und sorgfältigem Absaugen nach Behandlungsende auch bei größeren Kalkmilchmengen kaum gefährliche pH-Anhebungen beobachtet habe, möchte ich prinzipiell sicherheitshalber raten, auf diesem Weg nicht zu viele Polypen auf einmal zu behandeln, weil sonst der pH-Wert theoretisch nach oben ausbrechen kann. Eine Faustregel wäre ein Einzelpolyp (Glasrose *Aiptasia*, *Thalassianthus aster*, Scheibenanemone *Discosoma*, „*Anemonia*" cf. *manjano* u. a.) pro 100 l Beckenvolumen, wenngleich ich selbst dabei weitaus weniger „schüchtern" verfahre. Aber, um es nochmals zu betonen: Während und nach der Sitzung den pH-Wert im Auge behalten!

Dicke Kalkpaste

Ein Problem der Kalziumhydroxidlösung ist, dass sich die Masse im Aquarienwasser leicht auflöst und verteilt, vor allem, wenn sie mit zu viel Wasser angerührt wurde. Das lässt sich verhindern, wenn man die Masse zuvor einige Sekunden im Mikrowellenherd erhitzt, denn dadurch bekommt sie eine Konsistenz, die fast an Zahnpasta

erinnert. Trägt man diese Masse nun mit Hilfe einer Injektionsspritze ohne Kanüle oder einer Pipette auf eine Polypenkolonie auf, dann lässt sich damit eine geschlossene „Decke" erzeugen, die im Wasser sogar etwas aushärtet und die unerwünschten Organismen völlig bedeckt. Diese weißliche Schicht kann nach einigen Tagen abgesaugt werden. Will man besonders hartnäckige Organismen beseitigen, etwa Krustenanemonen, dann empfiehlt es sich, die Schicht noch länger an Ort und Stelle zu belassen.

Allerdings sollten Sie die Masse im Mikrowellenherd nicht zu lange erhitzen, weil sie sehr schnell trocknet. Rühren Sie am besten das Kalziumhydroxidpulver in einer Kaffeetasse an. Wenn die Schichthöhe in der Kaffeetasse ca. 10 mm beträgt, dann reichen 8–10 Sekunden Erhitzen völlig aus. Anschließend wird die pastöse Masse mit einem spatelähnlichen Gegenstand (z. B. Griff eines Teelöffels) von hinten in die offene Injektionsspritze hineingeschoben.

Antibiotische Behandlung von Steinkorallen (RTN)

Zur Behandlung der plötzlichen Gewebsnekrose von Korallen (rapid tissue necrosis, RTN) wird in der Aquaristik allgemein das Antibiotikum Chloramphenicol aus der Tiermedizin empfohlen, und als Alternative gelten Metronidazol oder Dimetridazol. Besonders bewährt hat sich hier eine Kombinationsbehandlung, die von dem New Yorker Biochemiker und Aquaristikexperten Dr. Craig BINGMAN entwickelt wurde. Diese Behandlungsmethode ist sehr wirksam, doch man muss bei jedem Umgang mit dem verschreibungspflichtigen, also nur vom Tierarzt zu verordnenden Antibiotikum die Risiken und Gefahren kennen, denn sonst handelt es sich um ein Spiel mit dem Feuer. Das Antibiotikabad ist nur ein Teil der von Bingman empfohlenen Gesamtbehandlung. Diese darf nicht auf das Bad beschränkt werden, weil sonst die Entstehung von gegen Chloramphenicol resistenten Erregern droht, die sich in der gesamten Riffaquaristik ebenso ausbreiten könnten wie Glasrosen oder Hydroidpolypen. Damit wäre das hochwirksame Medikament Chloramphenicol für die Riffaquaristik verloren!

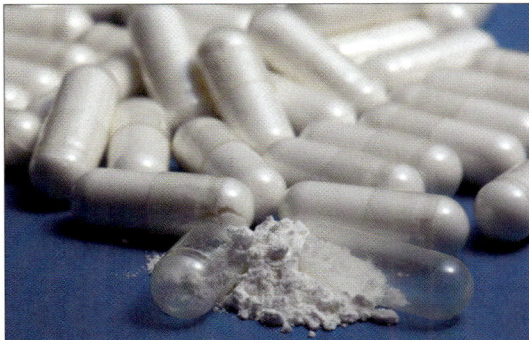

Der aquaristische Umgang mit Chloramphenicol erfordert sehr sorgfältiges Vorgehen!

Riskant ist auch die von manchen Autoren empfohlene Behandlungsmethode, das befallene Gewebe der Koralle direkt mit einer Chloramphenicol-Lösung oder -Paste zu bestreichen und den Patienten nach einiger Einwirkzeit in das Aquarium zurückzusetzen. Zwar lässt sich der Befall einer einzelnen Koralle dadurch sicher gut bekämpfen, doch das Überleben einzelner Erreger kann dabei nicht ausgeschlossen werden. Diese Mikroorganismen würden sich im Aquarium ausbreiten, und schnell hätte sich eine resistente Population entwickelt, die auch zukünftige Chloramphenicol-Behandlungen mühelos übersteht.

Hinzu kommt, dass bei dieser Behandlungsweise Chloramphenicol-Reste, die an der behandelten Koralle und dem Substrat haften, im Aquarium freigesetzt werden könnten. Gelangen auf diese Weise größere Mengen des Antibiotikums in das Aquarium, so würden die Chloramphenicol gegenüber besonders empfindlichen Mikroorganismen geschwächt oder getötet, was den Prozentsatz resistenter Erreger im Aquarium drastisch erhöhen würde. Auf diese Weise würde die Resistenzbildung der *Helicostoma*-Protozoen, die den Gewebszerfall auslösen, rapide beschleunigt.

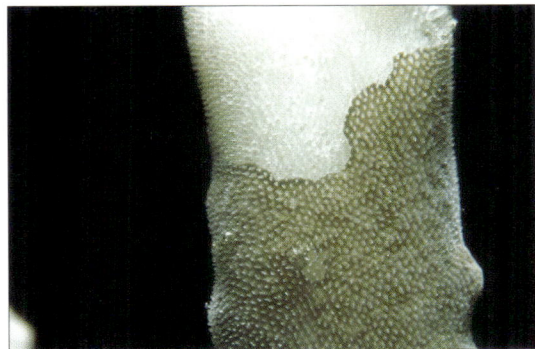

RTN-Befall eines *Acropora*-Stocks

Auch sollte man im Umgang mit dem Antibiotikum Chloramphenicol immer daran denken, dass es für den Menschen selbst sehr gefährlich ist. Darum ist es aus der Humanmedizin verschwunden und wird nur noch in der Tiermedizin verwendet. Nicht nur, dass die unbeabsichtigte Aufnahme (Einatmen!) zur Bildung resistenter Bakterienstämme im eigenen Körper führen

RTN-Befall kann große Steinkorallenbestände praktisch über Nacht vernichten, weshalb eine frühzeitige Behandlung sehr zu empfehlen ist. Weichkorallen und großpolypige Steinkorallen, die einer *Helicostoma*-Massenvermehrung zum Opfer fallen, sind jedoch kaum zu retten – im Bild *Euphyllia* sp. und *Capnella* sp. –, und auch eine kleinpolypige Steinkoralle wie die abgebildete *Seriatopora*, die über Nacht von einer Seeanemone *Entacmaea quadricolor* vernesselt wurde (links oben im Bild ist ein Teil der Körpersäule noch zu sehen), kann innerhalb weniger Stunden massiv von *Helicostoma*-Protozoen befallen werden. In solchen Fällen ist eine Chloramphenicol-Behandlung sinnlos.

kann; das Medikament ist auch krebserregend. Darum also immer nur mit Handschuhen und Mundschutz arbeiten und das Mittel vor Missbrauch sichern (Kinder!).

Chloramphenicol-Behandlung von RTN nach Bingman

1. Dr. BINGMAN empfiehlt vor der Behandlung ein 30-minütiges Bad in einer Jodlösung (5–10 Tropfen Lugol'sche Lösung auf einen Liter Meerwasser), damit möglichst wenige Bakterien mit dem Chloramphenicol in Kontakt kommen und damit die Chance zur Resistenzbildung verringert wird. Wer darauf verzichtet, darf sich nicht wundern, wenn er bald behandlungsresistente Mikroorganismen im Aquarium hat.

2. Der zweite Behandlungsschritt ist ein zwei- bis dreitägiges Chloramphenicolbad in einem separaten Aquarium (10–50 mg Chloramphenicol pro Liter Meerwasser). Das Wasser wird täglich durch Wasser aus dem Aquarium ersetzt und neu mit dem Antibiotikum angereichert.

3. Nach diesem Antibiotikumbad darf die Koralle keinesfalls direkt zurück in das Aquarium gesetzt werden. Das wäre der sicherste Weg, behandlungsresistente Mikroorganismen zu erzeugen. Auch winzigste Mengen von Protozoen, die die Behandlung überstanden haben, könnten sich schnell zu großen Beständen

Der Einsatz natürlicher Fressfeinde eignet sich, um eine Massenvermehrung zu vermeiden, aber selten, um sie zu besiegen (Aquarium P. v. Suijlekom).

vermehren, die dann bei einer nachfolgenden Chloramphenicol-Behandlung der Therapie trotzen. Darum muss die Koralle nach dem Antibiotikumbad nochmals in ein Jodbad (10 Tropfen Lugol'sche Lösung auf einen Liter Wasser), damit etwa überlebende Mikroorganismen dort abgetötet werden.

4. Das ist aber noch nicht alles, was Sie dabei beachten müssen. Wer das chloramphenicolhaltige Wasser nach Gebrauch in den Abfluss schüttet, handelt grob fahrlässig, denn er verbreitet möglicherweise Mikroorganismen unterschiedlichster Art (nicht nur Protozoen!), die gegen Chloramphenicol resistent sind, in der Kanalisation. Zuvor muss dieses Wasser unbedingt so behandelt werden, dass ein Überleben solcher Keime ausgeschlossen ist: Schütten Sie zu diesem Zweck ein chlorhaltiges Bleichmittel (z. B. Clorox) in das Wasser, das solche Keime zuverlässig abtötet.

Biologische Kontrolle

Im ersten Teil dieses Buches habe ich ausführlich darauf hingewiesen, dass man Tiere nicht instrumentalisieren und für einen bestimmten Zweck einsetzen sollte, ohne dass ihre Bedürfnisse im Aquarium auch erfüllt werden. Ich möchte dies noch ein wenig präziser formulieren. Konkret heißt das, ich setze einen Kupferband-Falterfisch (*Chelmon rostratus*) nicht in das Aquarium, weil ich darin Glasrosen bekämpfen möchte, sondern weil ich *C. rostratus* darin pflegen möchte – im Idealfall sogar ein Paar, wenn es gelingt, im Handel zwei verpaarte Fische zu erstehen (was leider selten der Fall ist). Und das setzt eben voraus, dass ich in diesem Aquarium eine sehr gut entwickelte Mikrofauna habe, denn das ist eine absolut existenzielle Notwendigkeit für diese Fische. Wenn sie nicht fortwährend irgendwelche Würmchen oder Kleinkrebschen naschen können, sind

Je größer das Riffaquarium, umso mehr Aufwand muss getrieben werden, um Störungen in der Artenbalance zu verhindern – und umso wichtiger ist es, vorbeugend jene Tiere einzusetzen, die helfen können, unerwünschte Massenvermehrungen zu verhindern (Aquarium P. v. Suijlekom).

sie nicht gesund zu erhalten. Das Becken muss so groß sein, dass meinem Paar *C. rostratus* auch langfristig die Kleintierchen nicht ausgehen. Wenn das nicht der Fall ist, also mein Aquarium dies nicht ermöglicht, dann verzichte ich auf einen *C. rostratus*, weil ich ihm einfach nicht das bieten kann, was er zum Leben benötigt – auch wenn ich Glasrosen im Becken habe. Es ist nicht vertretbar, einen *Chelmon* zu „verheizen", nur weil er für mich der bequemere Weg ist, die Glasrosen loszuwerden. Bei einer heftigen Massenvermehrung funktioniert dies in der Regel ohnehin nicht, wie zu Beginn des Buches dargelegt. Man sollte zur Bekämpfung also lieber zu physikalischen oder chemischen Methoden greifen.

Und natürlich gilt dies nicht nur für den Kupferband-Falter, sondern für jedes Tier, dessen Ernährungsgewohnheiten mir den Kampf gegen Organismen mit rasanter Vermehrung erleichtern. Es ist z. B. sinnvoll, einige *Turbo*-Schnecken in ein Aquarium einzusetzen, um moderaten Algenwuchs zu begrenzen und die Ausweitung zu einer Plage zu verhindern. Es ist hingegen unsinnig, zu warten, bis das gesamte Dekorationsge-

stein von Algen überwuchert ist und dann die Schnecken „eimerweise" hineinzukippen, in der Hoffnung, dass sie das Problem für den Aquarianer lösen werden. Die Ursache dürfte sehr wahrscheinlich in großer Anreicherung von Nährstoffen (Nitrate und Phosphate) liegen, und wenn verendete Schnecken sich hinter dem Dekorationsgestein auflösen, steigen diese Konzentrationen nur noch weiter an. Die Algenfresser müssen von vornherein als Tierbesatz eingeplant werden, denn nur dann ergibt das wirklich Sinn. Dann nämlich machen die „Trojaner" nur einen kleinen Teil ihrer Nahrung aus. Das gilt nicht nur für Algenfresser, sondern, wie zuvor erwähnt, auch für Glasrosenfresser. Setze ich einen herbivoren Fisch in ein fadenalgengeplagtes Aquarium, dann reduziere ich sein Nahrungsspektrum auf eine einzige Alge. Deren Fraß-Hemmstoffe werden sich nun in seinem Körper anreichern, was möglicherweise Probleme bereitet, von denen ich nichts ahne. Viel besser für ihn wäre es, unterschiedliche Algen zu fressen, denn dadurch bleiben die Anreicherungen einzelner Fraßhemmstoffe gering. Das bedeutet, dieser

Fisch benötigt eine relativ große Nahrungsvielfalt, denn auch ein Algenfresser kann an sehr einseitiger Algennahrung zugrunde gehen. Zwingt man, wie in der ersten Hälfte des Buches geschildert, die Tiere über Hungerdruck dazu, sich ausschließlich von bestimmte Algen, bestimmten Glasrosen oder anderen „Trojanern" zu ernähren, dann verkürzt man ihre Lebensspanne meist drastisch, ohne sein Problem im Aquarium wirklich zu lösen.

Wie auch gerade im Fall des Kupferband-Falterfischs betont, ist ein wichtiger Aspekt beim Einsetzen lebender Tiere als aquaristische Problemlöser, dass ihre Nahrung nicht knapp werden darf. Wenn *Salarias fasciatus* gegen eine bestimmte Algenart eingesetzt wird, die sich im Aquarium ausbreitet, dann werden die Algen möglicherweise weniger; genau das ist ja unsere Absicht. Irgendwann werden diese Algen dann aber – rein rechnerich – kahlem Gestein gewichen sein, und der *S. fasciatus* schaut in die Röhre. Das ist dann der Moment, wo viele solcher Fische, die als „Rasenmäher" instrumentalisiert wurden, beginnen abzumagern und schließlich auch verenden. Ähnliches gilt für andere Algenfresser, etwa Seeigel. Ein Diademseeigel, der sich selbst die Nahrung weggefressen hat, wird noch lange Zeit hindurch im Aquarium auf Nahrungssuche unterwegs sein. „Der findet offenbar immer noch ausreichend Algen", denken wir uns dann vielleicht, weil ein hungernder Stachelhäuter nicht erkennbar abmagert und darum auch nicht unser Mitleid erregt. Wenn wir einen Seeigel pflegen möchten, müssen wir ihm auch dauerhaft gute Nahrungsbedingungen bieten können.

Im Notfall kann ein Tier bei Nahrungsmangel natürlich in ein anderes Becken gesetzt werden, in dem die nötigen Algen wachsen. Aber das Tier hin und her zu schieben, wie es gerade gebraucht wird, ist nur die zweitbeste Lösung, wenngleich immer noch weitaus besser, als es verhungern zu lassen. Aber ich weiß nicht, wie sehr sich ein algenfressender Fisch oder Stachelhäuter grämt, wenn er alle drei Monate in ein anderes Becken verfrachtet wird. Ich praktiziere dies momentan selbst mit einer großen *Turbo*-Schnecke, die

Bei einem Filtrierer-Riffbecken, das ohne Wuchslicht betrieben wird und stattdessen nur kurzzeitig Bertrachtungslicht erhält, ist die Massenvermehrung von zooxanthellaten Wirbellosen und lästigen Algen ausgeschlossen (Aquarium P. v. Suijlekom).

zwischen drei Nano-Riffbecken hin und her wechselt, weil sie für jedes einzelne dieser Becken einfach zu groß ist und sich darin nicht dauerhaft ernähren kann. Wie gesagt, ideal ist dies sicher nicht, aber je niederer die Entwicklungsstufe eines Tieres ist, umso ruhiger ist dabei mein Gewissen. Einem Seestern wird es wohl relativ egal sein, in welchem Aquarium er sich befindet, vorausgesetzt seine Bedürfnisse werden erfüllt und das Umsetzen geschieht schonend. Einem Korallenfisch hingegen kann das Umsetzen in ein anderes Aquarium enorme Schwierigkeiten bereiten, aus den unterschiedlichsten Gründen. Er wird sich in eine neue Gemeinschaft einzugliedern haben, mit der er auf hohem Niveau sozial interagieren muss, und das birgt ein großes Problempotenzial, von dem wir Aquarianer als „Außenstehende" vielleicht kaum etwas bemerken. Darum hätte ich beim Hin- und Hersetzen eines Korallenfisches zwischen mehreren Becken zum Vertilgen der Algen außerordentlich große „Bauchschmerzen" und würde davon prinzipiell abraten. Schon bei Garnelen, die Teil einer Gruppe sind, wäre ich diesbezüglich vorsichtig. Überall dort, wo Tiere soziale Gemeinschaften eingehen, egal ob das eine Paarbeziehung ist oder eine Gruppe, wie bei Putzergarnelen, sollte man solches Instrumentalisieren strikt vermeiden.

Tierisch gute Helfer

Für den Fall, dass Sie den Tierbesatz Ihres Aquariums gezielt so planen und zusammenstellen möchten, dass die Gefahr der Ausbreitung von „Trojanern" pflanzlicher und tierischer Herkunft von vornherein geringer wird, möchte ich hier ein paar besonders effektive Helfer vorstellen – allerdings verbunden mit der Bitte, nicht zu vergessen, dass sich eine bereits im Gang befindliche Massenvermehrung durch sie nicht beenden lässt.

Borstenwurmfresser

Biochoeres chrysus

Biochoeres cosmetus   Foto: I. Krause

Froschschnecken der Familie Bursidae, z. B. Bursa bufonia

Biochoeres iridis

Glasrosenfresser

Kupferband-Falterfisch (*Chelmon rostratus*)

Boggessi-Pfefferminzgarnele (*Lysmata boggessi*)

Fähnchen-Falterfisch (*Chaetodon auriga*)

Wurdemann-Pfefferminzgarnele (*Lysmata wurdemanni*)

Tangfeilenfisch (*Acreichthys tomentosus*)

Seticaudata-Pfefferminzgarnele (*Lysmata seticaudata*)

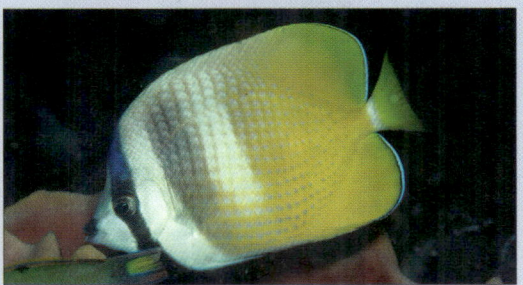

Kleins Falterfisch (*Chaetodon kleinii*)

Schnecken- und Turbellarienfresser

Biochoeres chrysus

Biochoeres cosmetus   Foto: I. Krause

Biochoeres iridis

Algenfresser

Siganus magnificus

Siganus vulpinus

Siganus virgatus

Acanthurus olivaceus

Zebrasoma flavescens

Ctenochaetus striatus

Zebrasoma scopas

Ctenochaetus tominiensis

Ctenochaetus strigosus

Algenfresser

Salarias fasciatus

Trochusschnecken (Familie Trochidae),
Trochus conus (groß) und *Tectus fenestratus* (klein)

Neritaschnecken (Familie Neritidae, Gattung *Nerita*)

Herbivore Einsiedlerkrebse (Familie Diogenidae), z. B.
Paguristes cadenati (rot) oder *Clibanarius tricolor* (blau)

Turbanschnecken (Familie Turbinidae), *Turbo petholatus*
und *Astraea*-Arten

Kugelseeigel (*Mespilia globulus*)

Pfaffenhut-Seeigel (*Tripneustes gratilla*)

Diademseeigel (*Diadema setosum*)

Riffdach-Seeigel (*Echinometra mathaei*)

Seehasen (Familie Aplysiidae), *Dolabella* sp. (links) und *Aplysia* spp. (rechts)

Chelidonura varians saugt einen Plattwurm *Convolutriloba retrogemma* ein – die Anwesenheit natürlicher Räuber kann im Riffaquarium die überschießende Vermehrung von "Trojanern" oft verhindern. Hat aber fehlender Räuberdruck schon zu einer Massenvermehrung geführt, lässt sich diese durch das Einsetzen von Räubern selten beenden.

Literatur

ALDERSLADE, P. & K. FABRICIUS (2001): Soft Corals and Sea Fans – A comprehensive guide to the tropical shallow-water genera of the Central-West Pacific, the Indian Ocean and the Red Sea. – AIMS, Queensland Australien.

ALDERSLADE, P. & C. MCFADDEN (2007): Pinnule-less polyps: a new genus and new species of Indo-Pacific Clavulariidae and validation of the soft coral genus *Acrossota* and the family Acrossotoidae (Coelenterata: Octocorallia). – Zootaxa 1400: 27–44.

BALLING, H.-W. (2009): Co-Limitierung des Korallenwachstums im Riffaquarium. – KORALLE 60, 6 (10): 59–61.

CALDER, D. R. (1991): Abundance and distribution of Hydroids in a mangrove ecosystem at Twin Cays, Belize, Central America. – Hydrobiologia 216/217: 221.

FOSSÀ, S. A. & A. J. NILSEN (1995): Korallenriff-Aquarium, Band 4. – Schmettkamp-Verlag, Bornheim.

FRICKE, F. (2000): Parasitäre Plattwürmer auf *Acropora*-Korallen. – KORALLE 3, 1 (3): 67–69.

FUJIKI, H. (1986): Palytoxin is a non-12-O-tetradecanoylphorbol-13-acetate type tumor promoter in two stage mouse skin carcinogenesis. – Carcinogenesis 7: 707.

KNOP, D. (2002): Steinkorallen im Meerwasseraquarium, Band 2. – Natur und Tier - Verlag, Münster.
– (2003): Vegetative Vermehrung von Seesternen. – KORALLE 24, 4 (6): 42–44.

– (2008a): Algen im Meerwasseraquarium. – Natur und Tier - Verlag, Münster.
– (2008b): Seesterne im Meerwasseraquarium. – Natur und Tier - Verlag, Münster.
– (2008c): Seeigel im Meerwasseraquarium. – Natur und Tier - Verlag, Münster.
– (2008d): Scheibenanemonen im Meerwasseraquarium. – Natur und Tier - Verlag, Münster.
– (2008e): Hornkorallen im Meerwasseraquarium. – Natur und Tier - Verlag, Münster.
– (2008f): Der lange Weg zum egoistischen Gen, oder: Das Rätsel Evolution. – KORALLE 54, 9 (6): 68–78.
– (2009a): Phosphat ade, oder: Lanthan in der Korallenriffaquaristik. – KORALLE 57, 10 (3): 58–65.
– (2009b): Riesenmuscheln – Arten und Pflege im Aquarium. – Dähne-Verlag, Ettlingen.
– (2009c): Nano-Riffaquarien – Einrichtung und Pflege von Kleinst-Meeresaquarien, 3. Aufl. – Natur und Tier - Verlag, Münster.

MEBS, D. (2000): Gifttiere – Ein Handbuch für Biologen, Toxikologen, Ärzte und Apotheker. – Wissenschaftliche Verlagsgesellschaft Stuttgart.

POPPE, G. (2008): Philippine Marine Mollusks. – ConchBooks, Hackenheim.

SPRUNG, J. (2001): Wirbellose – Ein Bestimmungsbuch. – Dähne-Verlag, Ettlingen.

THALER, E. (2006a): 85-mm-Deadline. – KORALLE 37, 7 (1): 66–69.
– (2006b): Parasit oder Symbiont, das ist die Frage. – KORALLE 40, 7 (4): 62–66.

SCHLICHTER, D., B. ZSCHARNACK & H. KRISCH (1995): Transfer of Photoassimilates from Endolithic Algae to Coral Tissue. – Naturwissenschaften 82, 561–564.

Diese "*Anemonia*" cf. *manjano*, die sich außerhalb des kleinbleibenden und proliferativen Teilungsstadiums befindet und enorm an Größe gewinnt (Mundscheibendurchmesser ca. 6 cm), zeigt, dass aquaristisch als "Trojaner" angesehene Wirbellose zauberhafte Schönheit besitzen können.

–, H. KAMPMANN & S. CONRADY (1997): Trophic Potential and Photoecology of Endolithic Algae Living within Coral Skeletons. – Marine Ecology 18 (4): 299–317.

– & H. W. FRICKE (1990): Coral Host improves Photosynthesis of Endosymbiotoc algae. – Naturwissenschaften 77, 447–450.

STORCH, V. & U. WELSCH (1997): Systematische Zoologie, 5. Aufl. – Gustav Fischer Verlag, Stuttgart.

SOROKIN, Y. I. (1995): Coral Reef Ecology. – Springer Verlag, Heidelberg.

SPRUNG, J. (2001): Wirbellose – Ein Bestimmungsbuch. – Dähne-Verlag, Ettlingen.

VAN MOOY, B. A. S., H. F. FREDERICKS, B. E. PEDLER, S. T. DYHRMAN, D. M. KARL, M. KOBLIZEK, M. W. LOMAS, T. J. MINCER, L. R. MOORE, T. MOUTIN, M. S. RAPPE & E. A. WEBB (2009): Phytoplankton in the ocean use non-phosphorus lipids in response to phosphorus scarcity. – Nature 458: 69–72.

Stichwortverzeichnis

Blick von unten in ein 5 mm großes Exemplar der Glasrose *Aiptasia luciae*, man erkennt die Mesenterialfilamente im Gastralraum. Trotz allem Ärger über die Proliferation und Nesselfähigkeit dieses "Trojaners" verdient die enorme Anpassungsfähigkeit dieser sehr einfach gebauten Organismen Bewunderung.

NANO-RIFFAQUARIEN
Einrichtung und Pflege von Kleinst-Meeresaquarien
Daniel Knop

Nano-Riffaquarien rücken faszinierende Lebensformen in den Vordergrund, die in einem „normalen" Aquarium kaum Beachtung finden. Der Betrachter eines Nano-Riffaquariums erlebt, wie Korallen wachsen, und beobachtet andere kleine und kleinste wirbellose Tiere.

Das neue Verfahren, das Daniel Knop entwickelt hat und das er in diesem Buch vorstellt, ermöglicht auch die Unterhaltung kleinster Meeresaquarien, die überall Platz finden! Dieses Buch informiert leicht verständlich und unterhaltsam über Einrichtung und Pflege der zauberhaften Nano-Riffaquarien sowie über die geeignete Auswahl an Tieren.

176 Seiten, 390 Farbabbildungen, Format: 17,5 x 23,2 cm, Hardcover
ISBN 978-386659-134-9

19,80 €

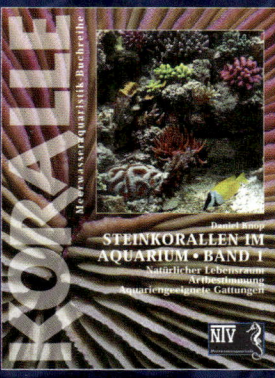

STEINKORALLEN IM AQUARIUM
Daniel Knop
Band 1: Natürlicher Lebensraum, Artbestimmung, Aquariengeeignete Gattungen

144 Seiten, 178 Farbabbildungen, Format 17,5 x 23,2 cm, Hardcover
ISBN 978-3-931587-70-3

Band 2: Aquarienhaltung, Vermehrung, Haltungsprobleme und Lösungen

136 Seiten, 137 Farbabbildungen, Format 17,5 x 23,2 cm, Hardcover
ISBN 978-3-931587-71-0

Noch bis vor kurzem galten die herrlich bunten Steinkorallen als äußerst schwierige Pfleglinge oder sogar als unhaltbar – mittlerweile sind sie aus der modernen Meeresaquaristik nicht mehr wegzudenken. Die ebenso vielfältigen wie faszinierenden Tiere prägen wie kein anderes Element in dem natürlichen Biotop nachempfundenes Riffaquarium und verleihen ihm den besonderen Reiz.

Daniel Knop, Chefredakteur der Fachzeitschrift KORALLE, gibt in diesen beiden Bänden sein in langjähriger Erfahrung gesammeltes Wissen leicht verständlich und praxisnah an die Leser weiter. Besonderes Augenmerk richtet er auf die geeigneten Pflegebedingungen, die er umfassend und im Detail vorstellt – selbst die Vermehrung der attraktiven Korallen ist mit diesen Tipps kein Problem mehr.

je 24,80 €

DAS MITTELMEERAQUARIUM
Einrichtung und Pflege von Mittelmeeraquarien
Kai Velling

Alles, was Sie wissen müssen, um erfolgreich und mit viel Freude ein Mittelmeer-Becken betreiben zu können. Viele hilfreiche Tipps rund um Einrichtung und Pflege dieses Aquarientyps erleichtern den Einstieg und bieten auch erfahrenen Aquarianern eine reiche Erfahrungsquelle. Natürlich stellt der Autor auch in Wort und Bild die interessantesten Arten vor, die sich für die Aquarienhaltung eignen. Hinweise zum Sammeln, zum Transport und zu gesetzlichen Bestimmungen fehlen ebenso wenig wie Einblicke in die wichtigsten mediterranen Lebensräume: Hartboden, Seegraswiese, Sedimentboden und Meereshöhle.

152 S., 162 Farbfotos, 10 Grafiken,
Format 17,5 x 23,2cm, Hardcover
ISBN 978-3-86659-039-7

24,80 €

Natur und Tier - Verlag GmbH
An der Kleimannbrücke 39/41 · D-48157 Münster
Tel.: 0251-13339-0 · Fax: 0251-13339-33
E-Mail: verlag@ms-verlag.de · Home: **www.ms-verlag.de**

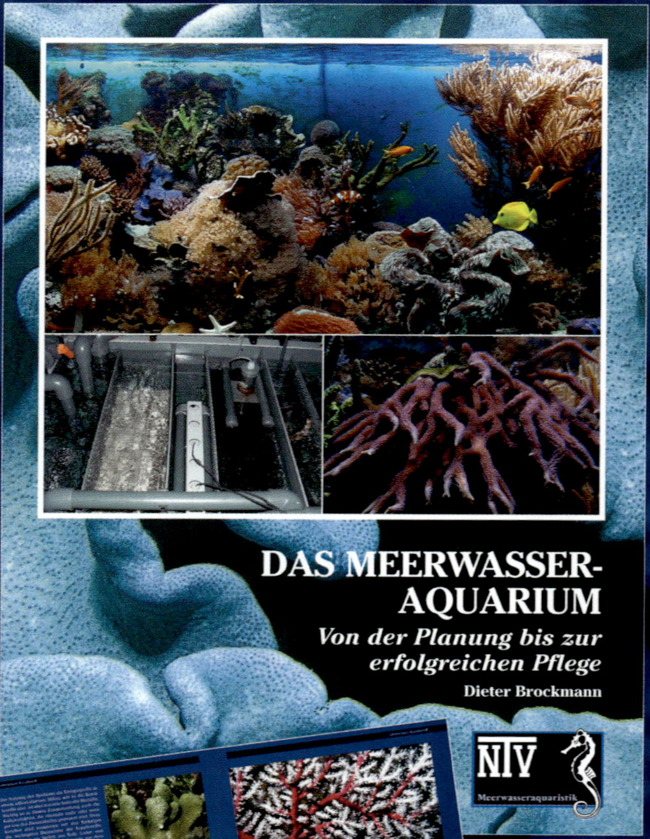

DAS MEERWASSERAQUARIUM

Von der Planung bis zur erfolgreichen Pflege

Dieter Brockmann

Die Meeraquaristik ist eines derfaszinierendsten und interessantesten Hobbys überhaupt. Immer mehr Menschen möchten deshalb einen Riffausschnitt mit all seinen wunderschönen Bewohnern bei sich zu Hause pflegen.
Wie dieser Wunsch problemlos in Erfüllung gehen kann, zeigt der langjährige Meeres-aquarianer und KORALLE-Redakteur Dr. Dieter Brockmann in diesem Praxis-Ratgeber. Der Autor vermittelt hier alles Wissenswerte rund um den Lebensraum Korallenriff und erläutert anschaulich, wie man ein modernes Riffaquarium erfolgreich einrichtet und betreibt. Natürlich geht Dieter Brockmann auch detailliert auf die Bewohner des Aquariums ein und stellt die am besten geeigneten Fische und Wirbellosen in Wort und Bild vor.
Dieses fundiert geschriebene und leicht verständliche Buch ist ein Muss für Einsteiger ebenso wie für fortgeschrittene Riffaquarianer!

- Lebensraum Korallenriff
- Das Aquarium: Größe, Standort, Einrichtung und Systeme
- Technik: von der Beleuchtung über die Abschäumung bis zur Filterung
- Wasserwerte kontrollieren und regulieren
- Schritt-für-Schritt-Anleitung für Einrichtung und Inbetriebnahme des Aquariums
- Die Tiere: Kauf und Eingewöhnung
- Die schönsten und am besten geeigneten Fische und Wirbellose im Porträt
- Faszinierende Fotos

192 S., 216 Farbfotos, 27 Grafiken,
Format 17,5 x 23,2cm, Hardcover
ISBN 978-3-86659-058-8

19,80 €

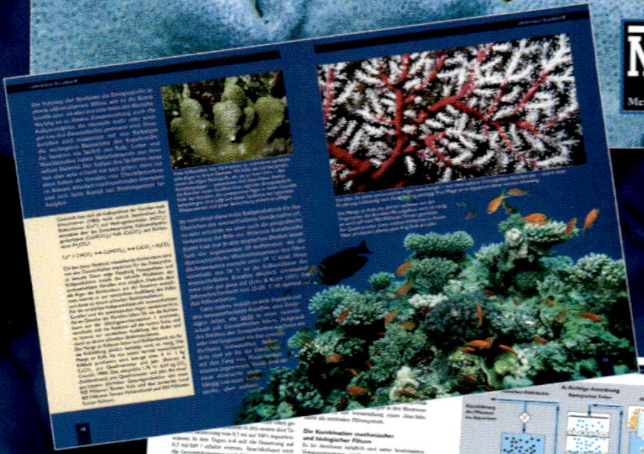

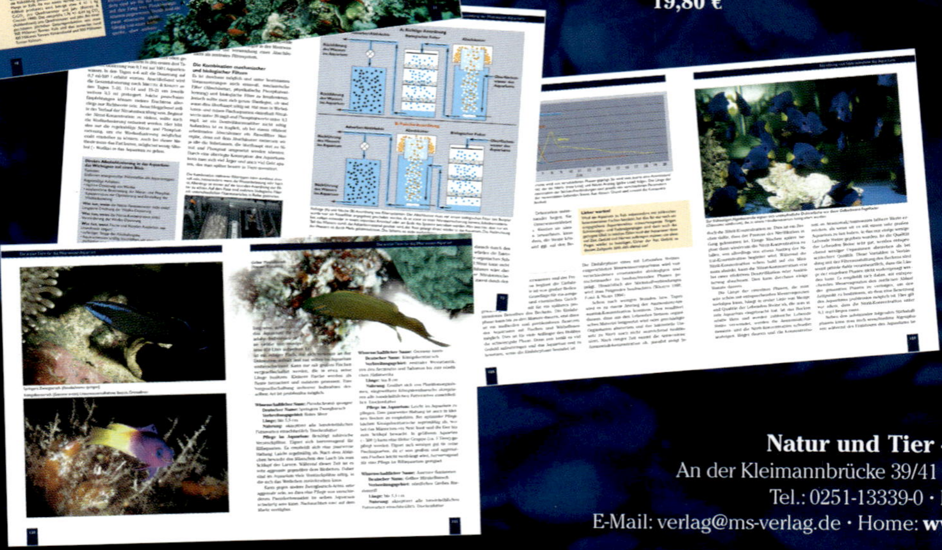

Natur und Tier - Verlag GmbH
An der Kleimannbrücke 39/41 · D-48157 Münster
Tel.: 0251-13339-0 · Fax: 0251-13339-33
E-Mail: verlag@ms-verlag.de · Home: **www.ms-verlag.de**

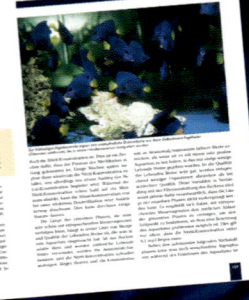

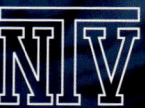

.